最實用

圖解

管理力 與 經營力

打造暢銷產品即刻上手

產品學

戴國良 博士 著

書泉出版社 印行

作者序

● 產品管理的重要性

「產品管理」(product management) 是上完「行銷學」後，更進階的一門課；也是大家所熟知行銷 4P 裡的第一個 P，亦是企業實戰中最重要的第一個 P。因為這個 P 代表了企業競爭致勝最關鍵的本質，即「產品力」。而「產品管理」最終的目標，即在使「產品經理」(product manager, PM) 能夠為公司建立一個強勁而有力的「產品力」(product power)。而「產品力」就是公司行銷競爭力的最有力保證與最根本的核心本質。我們可以看看一些企業成功的案例，諸如像 iPod、iPhone、iPad、TOYOTA、LEXUS、CAMRY、SONY、Panasonic、Microsoft、統一企業、星巴克、LV、GUCCI、CHANEL、PRADA、統一 7-11、SAMSUNG、Canon、ASUS、GIANT、哈利波特小說、好萊塢電影、資生堂、P&G、Unilever、Nestle、花王等卓越公司或品牌，就是由於他們都有很強的持續性產品力表現。

● 本書的特色

《圖解產品學》這本書，是國內到目前為止比較缺少的，不像「行銷管理」那麼普及。本書相較於國外翻譯本或英文教科書，有以下幾點特色：

第一，本書含括十二章，其內容與架構算是比較完整、周全、豐足與充分的，應該可以充分體現出一本有用或實用的「產品管理」教科書。

第二，本書是高度實務撰寫導向的。因為我深知現代企業進步的實況早已超過學術界與理論界，特別是在商學與管理學院領域更是如此。

因此，本書內容與撰寫主軸都力求對各位同學或上班族朋友們帶來實務上的助益，使其將來能夠在新產品規劃、產品策略、產品開發及產品管理等工作領域及思維訓練上，有立即的提升。

第三，本書的最終精神是希望為企業打造出一個「暢銷產品」與「強大產品力」的整體架構體系、必要知識內涵及戰略思維理念，這是最根本的一件事情；也是閱讀本書或教授本書時，不能忽略的一個核心所在。

- 人生勉語

　　衷心感謝各位讀者購買，並且閱讀本書。本書如果能使各位讀完後得到一些價值的話，這是我感到最欣慰的。因為我把所學轉化為知識訊息，轉達給各位後進有為的大學同學及上班族朋友。能為年輕大眾種下一塊福田，是我最大的快樂來源。

　　在此，想提供一些話語與各位讀者共同勉勵：

　　1.「人生來來去去，一如春夏秋冬，一切平常心。」

　　2.「貧者因書而富，富者因書而貴。」

　　3.「忘記背後，努力面前，向著標竿直跑。」

　　4.「勇於去做您覺得對的選擇。」

- 祝福與感恩

　　祝福各位讀者能走一趟快樂、幸福、成長、進步、滿足、平安、健康、平凡但美麗的人生旅途。沒有各位的鼓勵支持，就沒有本書的誕生。在這歡喜收割的日子，榮耀歸於大家無私的奉獻。再次，由衷感謝大家，深深感恩、再感恩。

戴　國　良

tai_kuo@emic.com.tw

taikuo@cc.shu.edu.tw

引言——打造新產品與產品力的重要性

一、產品力的重要性
「產品」是行銷 4P 組合之首

二、「產品力」是企業經營致勝的根基

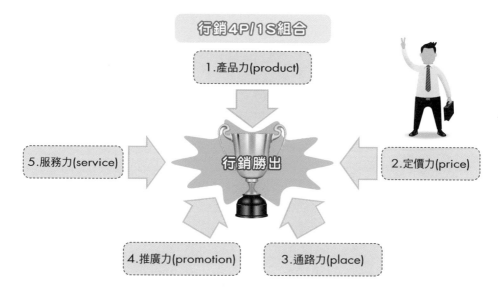

行銷4P/1S組合

1.產品力(product)

5.服務力(service)

行銷勝出

2.定價力(price)

4.推廣力(promotion)

3.通路力(place)

三、案例：很強產品力

	賓士汽車		捷安特自行車	LV精品
	BMW汽車	茶裏王飲料	象印熱水瓶	CHANEL精品
	LEXUS汽車	舒潔衛生紙	膳魔師隨身瓶	GUCCI精品
	iPhone/三星Galaxy智慧型手機	SK-II	日立、大金冷氣	Cartier珠寶鑽石
	蘋果iPad平板電腦	蘭蔻	Panasonic家電	SONY智慧型手機
王品餐飲連鎖	星巴克咖啡	資生堂	大同電鍋	晶華大飯店
UNIQLO服飾	花旗信用卡	101精品百貨公司	可口可樂	哈根達斯冰淇淋

四、很強產品力的「意涵」

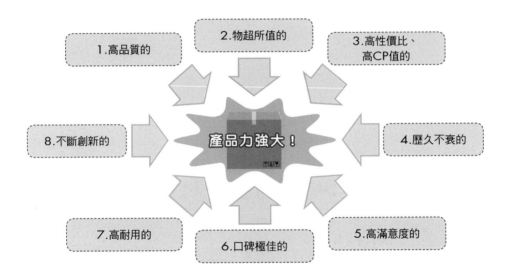

1.高品質的

2.物超所值的

3.高性價比、高CP值的

8.不斷創新的

產品力強大！

4.歷久不衰的

7.高耐用的

6.口碑極佳的

5.高滿意度的

五、企業 **4P/1S** 競賽的關鍵點──產品力變化較大

1. 定價力→差異不大
2. 通路力→大品牌都能上架
3. 推廣力→有行銷預算，就能做得出來
4. 服務力→差距不大
唯有產品力→差距較大！變化較大！

六、小結

產品力＝企業生命的核心點

七、三大單位：共同負責產品力

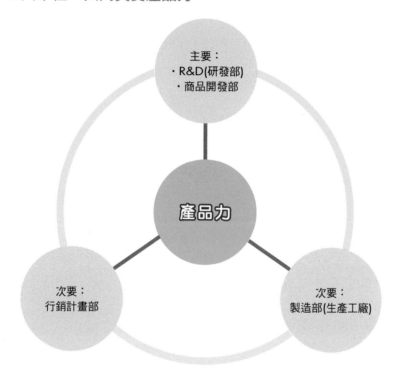

八、「產品力」好→自然就會產生好的「口碑」！
　　例如：陶板屋、西堤、石二鍋、85℃、星巴克、DR.WU 等很少做電視廣告。

九、最好的「廣告」→就是「產品」自身！

十、高品質「產品力」五大要素

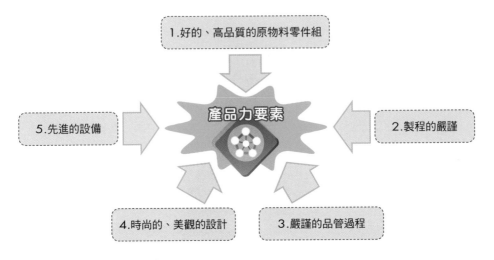

1.好的、高品質的原物料零件組

產品力要素

5.先進的設備

2.製程的嚴謹

4.時尚的、美觀的設計

3.嚴謹的品管過程

十一、從「顧客導向」看產品力

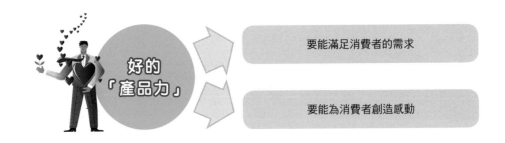

好的「產品力」

要能滿足消費者的需求

要能為消費者創造感動

十二、好產品如何歷久不衰

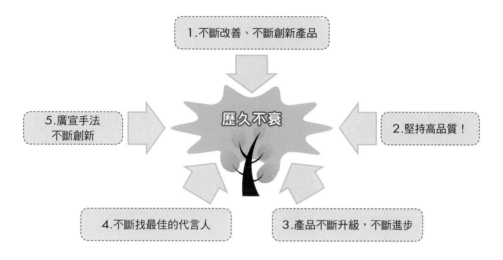

1.不斷改善、不斷創新產品

5.廣宣手法
不斷創新

歷久不衰

2.堅持高品質！

4.不斷找最佳的代言人

3.產品不斷升級，不斷進步

十四、歷久不衰的產品

賓士轎車	SK-II	櫻花
迪士尼樂園	資生堂	舒潔
TOYOTA 汽車	CHANEL	黑人牙膏
LV 精品	GUCCI	統一麵
Dior	花王	可口可樂

十五、產品力的研究課題

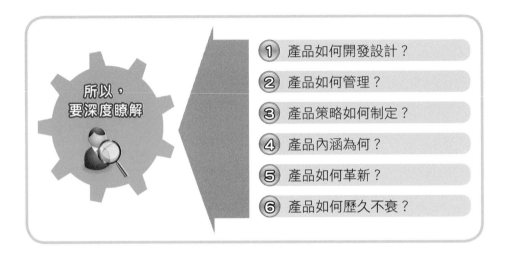

所以,
要深度瞭解

① 產品如何開發設計?

② 產品如何管理?

③ 產品策略如何制定?

④ 產品內涵為何?

⑤ 產品如何革新?

⑥ 產品如何歷久不衰?

十六、結論

行銷成功的第一步

打造:
好的產品力

目次

第一章
「顧客導向」的信念及實踐   **001**

第二章
行銷S-T-P架構解析與行銷4P組合   **009**

第五章
產品「品牌」的意涵與品牌操作完整
架構模式　　　　　　　　　　　　　　**077**

第六章
產品線策略
091

第七章
新產品開發管理綜述
101

第八章
某外商日用品集團新產品開發及上市流程步驟案例 **145**

第九章
產品經理「行銷實戰」暨對「新產品開發及上市」工作重點　　157

第十章
新產品上市之整合行銷活動　　171

第十一章
產品經理對業績成長的十三個行銷策略　　181

第十二章
暢銷商品行銷致勝策略案例　　　　　　　　　　193

附錄　　　　　　　　　　211

第一章
「顧客導向」的信念及實踐

顧客導向（或行銷導向）的意涵與觀念

一、建立對顧客導向的信念

　　為什麼要研習本節？因為「顧客導向」是行銷致勝的一切根基本質與思路，也是產品競爭力的基礎所在。前統一超商總經理徐重仁的基本行銷哲學：

　　「只要有顧客不滿足、不滿意的地方，就有新商機的存在。」

　　「所以，要不斷地發展及探索出顧客對統一 7-ELEVEN 不滿足與不滿意的地方在哪裡。」

　　顧客導向的信念：「企業如果在市場上被淘汰出局，並不是被你的對手淘汰的，一定是被你的顧客所拋棄，因此，心中一定要有顧客導向的信念。」

二、意義

　　行銷觀念在現代的企業已經被廣泛與普遍的應用，這些觀念包括：

　　1. 發掘顧客需求並滿足他們。

　　2. 製造你能銷售的東西，而非銷售你能製造的東西。

　　3. 關愛顧客而非產品。

　　4. 盡全力讓顧客感覺他所花的錢是有代價的、正確的，以及滿足的。

　　5. 顧客是我們活力的來源與生存的全部理由。

　　6. 要贏得顧客對我們的尊敬、信賴與喜歡。

三、各知名公司對顧客導向的信念

　　堅守「顧客導向」的信念，並用心且用力的去實踐它！

　　1. 日本山多利飲料公司：「要比顧客還要知道顧客。」（日記調查法）

　　2. 日本花王公司：「我們所做的一切，都是為了顧客。」

　　3. 日本日清公司：「顧客的事，沒有我們不知道的。」

　　4. 美國 P&G 公司：「顧客是我們的老闆。」（每年 4 月 23 日訂為 P&G 顧客老闆日）

　　5. 臺灣統一超商：「顧客的不滿意，就是我們商機的所在。顧客永遠會不滿意的，故新商機永遠存在。」

　　6. 日本 7-ELEVEN：「要從心理面洞察顧客的一切。」

　　7. 日本豐田汽車公司：「滿足顧客的路途，永遠沒有盡頭。」

　　8. 臺灣王品餐飲公司：「每一個來店顧客，都是我們的 VIP 客戶。」

　　9. 日本迪士尼樂園公司：「$100 - 1 = 0$，不是 99 分。」（意指不容許有任何一個顧客不滿意）

　　10. 日本資生堂公司：「要永遠為顧客創造更美的人生。」

　　11. 日本小林製藥公司：「全事業群部門人人每月一次新產品創意提案，即可滿足顧客需求，實踐顧客導向。」

「顧客導向」(customer-orientation)的意涵

堅定「顧客導向」的信念
（市場導向）

1. 顧客需要什麼，我們就提供什麼，由顧客決定一切

2. 市場需要什麼，我們就提供什麼，由市場決定一切

3. 只要有顧客不滿足的地方就有商機的存在，因此要隨時發現不滿意的地方是什麼

4. 我們應不斷研發及設想如何滿足顧客現在及未來潛在性的需求

5. 要不斷為顧客創造物超所值及不斷創造差異化的價值

6. 顧客就是我們的老闆，也是我們的上帝

堅守顧客導向的永恆信念

1.比顧客
還要知道顧客

2.顧客的事
沒有我們不知道的

3.滿足顧客的路途
永遠沒有盡頭

4.要永遠為顧客創造
更美好的人生

臺灣及日本 7-ELEVEN 成功領導人對顧客導向最新且共同看法與行銷理念：

1. 只要還有消費者不滿意的地方，就還有商機的存在。

2. 昨日顧客的需求，不代表是明日顧客的需要。

3. 經營事業要捨棄過去成功的經驗，不斷地追求明天的創新。

4. 消費者不是因為不景氣才不花錢，是因為不景氣所以錢要花在刀口上。

5. 要感動顧客，利益才會隨之而來。

6. 有競爭者的加入，正好是展現差異化的最好時機。

7. 業界同仁不是我們的競爭對手，最大的競爭對手是顧客瞬息萬變的需求。

8. 成功行銷的關鍵在於如何掌握每天來店顧客的心，而且是滿足「明天的顧客」，並非滿足「昨天的顧客」。

9. 必須大膽藉由「假設與驗證」的行動去解讀「明天顧客」的心理，依據洞察所得到的「預估情報」進行假設，再用各店內的 POS 系統加以驗證。

10. 7-ELEVEN 以引起顧客的「共鳴」為志向。

11. 不抱持追根究柢的精神進行分析，數據便不能稱為數據。

12. 不斷提出為什麼？真是這樣嗎？如何證明？如何解決問題？我們應該為顧客做些什麼？顧客究竟所求為何？

13. 行銷知識並不只是多蒐集一些情報資訊而已，而是能針對自己的想法進行假設與驗證，並藉由實踐得到智慧。

14. 重點不是去年做了什麼，而是今年應該做些什麼。如何設定假設，如何更改計畫……。

15. 顧客不斷地尋找新的商品，我們則要不斷地進行假設，以符合顧客的需求。一切以顧客為主體，進行考量。

16. 各種行銷會議，就是在進行發現問題與解決問題的循環。

17. 商品開發、資訊情報系統與人，必須是三位一體。

18. 經營的本質是破壞與創新。經營者的主要任務，就是要不斷否定過去的成功經驗，並加以創新改革。

19. 日本 7-ELEVEN 每天平均與 1,000 萬人次做生意，這 1,000 萬人次的行動與心理，就是觀察自己實踐的結果。

20. 必須經由假設、驗證的嘗試錯誤中，累積經驗。

21. 必須將零售據點的「數據主義」發揮到極點，利用科學的統計數據資料，以尋找問題所在及解決方案。

註：臺灣統一 7-ELEVEN 的領導人是徐重仁前總經理，日本 7-ELEVEN 的領導人是鈴木敏文董事長。上述資料是摘取自日文專書《日本 7-11 成功的統計心理學》，以及國內各報章雜誌專訪徐重仁前總經理的報導。

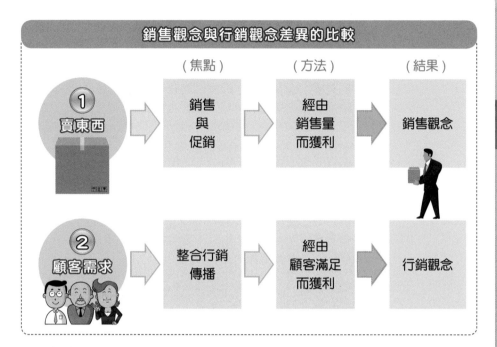

銷售觀念與行銷觀念差異的比較

（焦點） （方法） （結果）

① 賣東西 → 銷售與促銷 → 經由銷售量而獲利 → 銷售觀念

② 顧客需求 → 整合行銷傳播 → 經由顧客滿足而獲利 → 行銷觀念

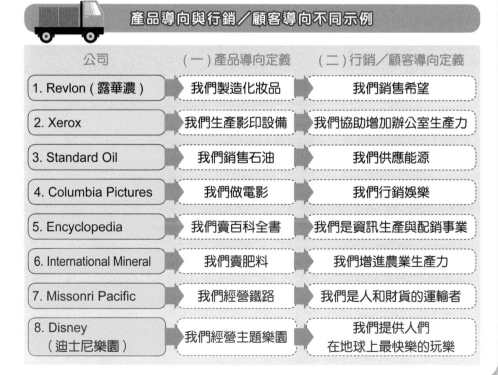

產品導向與行銷／顧客導向不同示例

公司	（一）產品導向定義	（二）行銷／顧客導向定義
1. Revlon（露華濃）	我們製造化妝品	我們銷售希望
2. Xerox	我們生產影印設備	我們協助增加辦公室生產力
3. Standard Oil	我們銷售石油	我們供應能源
4. Columbia Pictures	我們做電影	我們行銷娛樂
5. Encyclopedia	我們賣百科全書	我們是資訊生產與配銷事業
6. International Mineral	我們賣肥料	我們增進農業生產力
7. Missonri Pacific	我們經營鐵路	我們是人和財貨的運輸者
8. Disney（迪士尼樂園）	我們經營主題樂園	我們提供人們在地球上最快樂的玩樂

一、企業正投入市調費用，觀察消費者的一舉一動及背後思維，並培養洞察力

其實，有越來越多的美國大企業發現，觀察消費者未經掩飾的一面，不但可以有意外的發現，更可以為企業創造獲利。為了瞭解消費者在家中的行為，企業徵召一些自告奮勇的消費者，讓市場調查的私密度，遠甚於問卷調查、賣場訪問、焦點團體訪談。例如：針對 Old Spice 產品線，寶僑 (P&G) 公司錄下男性消費者在家中淋浴的情形；金百利讓消費者戴上裝有小照相機的護目鏡，錄下他們為嬰兒洗澡、換尿布的情形；Arm & Hammer 則闖入消費者家中，檢查他們的冰箱和貓砂盆的狀況。企業正以空前規模投入資源，觀察消費者一舉一動。2000年以來，寶僑一直提高個人研究經費，2015 年高達 2 億美元。執行長拉夫雷說：「我們花更多時間到消費者家裡和他們一起生活，或者和他們一起購物，成為他們生活的一部分。這樣子做，才會有更豐富的洞察力。」

二、無所不在的近距離觀察消費者，發現真正創新的機會

寶僑表示，在消費者允許下的窺探行為，是為了在新產品上市之前揪出產品瑕疵、改善既有產品，或者協助設計廣告活動。拍攝的消費行為錄影帶會送往產品、包裝設計人員和行銷主管手中，供他們參考。寶僑一向被視為消費者研究的高手，1923 年成立研究部門在消費產品業界算是創舉。目前這個部門每年負責全球 60 個逾 400 萬名消費者的觀察和研究工作。在拉夫雷掌舵下，寶僑更是無所不在地觀察消費者。拉夫雷強調：「這有助於我們發現傳統市調會錯失的創新機會。」結合洗髮精和沐浴精的 Old Spice 產品就是一例。此產品上市前，寶僑曾錄了好幾個小時的男性沐浴鏡頭，結果發現他們常用沐浴精洗頭。

三、不能只用傳統電話訪問或問卷調查法，因為這不一定能完整看到消費者生活與工作的真相

馬里蘭大學社會學教授李茲澤表示：「企業告訴你的是一回事，他們真正目的是瞭解消費者做什麼，如此他們才能找到方法逼出更多的業績。」一位隱私方面的專家表示，即使自願參加市調的消費者可能獲得若干報酬，但他們並沒有體認到自己的處境。

四、企業應讓消費者參與產品設計的每一個階段，才能確保新產品上市成功

有分析師認為，企業要推出讓消費者一見鍾情的產品，就得靠這種市調手法。《外部創新》作者賽博德說：「必須讓消費者參與產品設計的每一個階段。」《管理動態變化》作者傑里森表示，「消費者不知道他們經常提供一些有價值的東西，這些東西是企業家要付錢給顧問公司才能得到的，這是不公平的交易。」

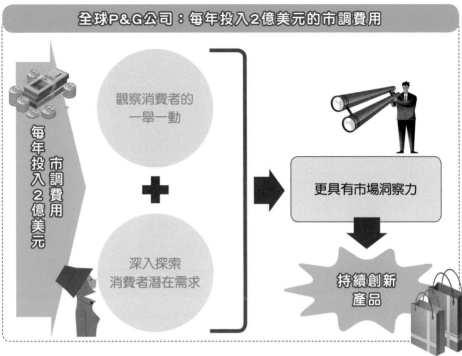

全球P&G公司：每年投入2億美元的市調費用

每年投入2億美元 市調費用

觀察消費者的一舉一動

＋

深入探索消費者潛在需求

更具有市場洞察力

持續創新產品

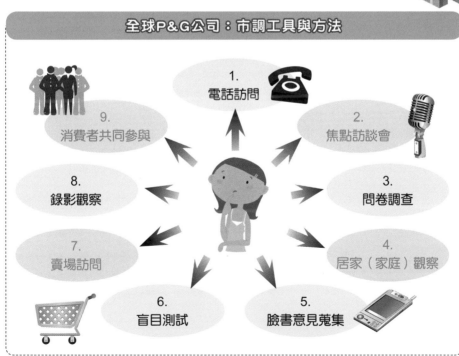

全球P&G公司：市調工具與方法

1. 電話訪問

2. 焦點訪談會

3. 問卷調查

4. 居家（家庭）觀察

5. 臉書意見蒐集

6. 盲目測試

7. 賣場訪問

8. 錄影觀察

9. 消費者共同參與

Date _____/_____/_____

第二章
行銷S-T-P架構解析與行銷4P組合

一、為何要有市場區隔？

身為行銷人，首要工作就是要先確認公司的產品是賣給什麼人？什麼對象？為什麼是這些對象？這是市場區隔化的行銷思考，如右圖所示。

二、行銷「S-T-P」總架構與目標行銷

（一）定義：所謂「目標行銷」(target marketing)，係指廠商將整個大市場 (whole market) 細分為不同的區隔市場 (segment target)，然後針對這些區隔化後之市場，設計相對應的產品及行銷組合，以求滿足這些區隔目標之消費群，並進而達成銷售目標。

（二）步驟：

1. 市場區隔化 (market segmentation)(S)：首先必須先依據特定的區域變數，將整個大市場區隔為幾個不同型態的市場，並以不同的產品及行銷組合準備因應，同時評估每一個區隔化後市場的吸引力與潛力規模。

2. 鎖定目標市場 (market targeting)(T)（target audience, TA，目標客層）：大市場經過區隔之後，即須針對每一個區隔市場進行考量、分析評估，然後選定一個或數個具有可觀性的顧客市場作為目標市場。

3. 產品定位 (product positioning)(P)：即指替產品訂出競爭的位置在哪裡，必須將此產品定位與目標客層相一致，並且依此位置研訂詳細的行銷 4P 組合以為配合。

小博士的話

什麼是市場區隔？

市場區隔被定義為：「在滿足消費者需求的過程中，不斷地與某一群特定對象進行對話。」是瞭解某一群特定消費者的特定需求，通過新產品、新服務或新的溝通形式，使消費者從認知到使用產品或服務，並回饋相關訊息的過程。

區隔的目標是行銷資源的有效配置、行銷目標的有效制定以及創造行銷優勢等。區隔的作用在於發現新市場並鞏固舊有市場或從新的區隔市場尋求突破。

市場區隔的方法一般是首先對整體市場依據一定的變數加以區隔，從中選擇需要進入的區隔市場。市場區隔的變數依消費品市場和工業品市場而有所差別。消費品市場區隔變數包括：地理因素，以消費者所在地理區位的特徵加以區隔；人文統計因素，如按年齡、性別、家庭人數、家庭生命週期、收入、職業、教育、社會階層、宗教信仰等進行區隔；心理因素，如按消費者個性、價值導向、社會活躍性等進行區隔；行為因素，根據使用率、品牌忠誠度、所關注的利益、使用時機等進行區隔。工業品市場可對購買者按照消費品市場的一些變數加以區隔，也以人口變數、經營變數、採購方法、情境因素及個性特徵為區隔變數。

市場區隔的背景成因分析

① ・市場激烈競爭（競爭者眾多）
・消費大眾有多元不同的偏愛與需求

② 任何一種產品或服務，不可能滿足所有市場與消費者。

③ 因此，每一個大市場須切割、區隔成幾個分眾的市場才行。

④ 然後，用不同的產品定位與行銷組合策略，來做好市場區隔與消費者的滿意服務。

區隔市場之圖示

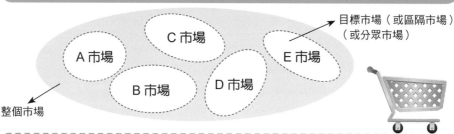

C 市場

A 市場

E 市場

目標市場（或區隔市場）（或分眾市場）

B 市場

D 市場

整個市場

・整個市場(whole market)：由A+B+C+D+E等五個個別市場或目標市場所組成。
・目標市場(target market)：由A目標市場所組成，或由B、C、D、E等個別目標市場所組成。

行銷S-T-P架構圖示

(S) 市場區隔化	(T)（或稱 TA） 目標市場選定（或鎖定目標客層）	(P) 產品定位
(1) 認明市場區隔化的基礎 (2) 發展劃分後之區隔市場的圖像	(3) 衡量各區隔市場的吸引力 (4) 選定目標市場	(5) 在每一目標市場發展產品定位 (6) 在每一目標市場研訂行銷組合

 圖 示
S：區隔市場
T：目標區隔（鎖定目標客層）（TA）
P：產品定位（品牌定位）

一、發展S-T-P總架構體系

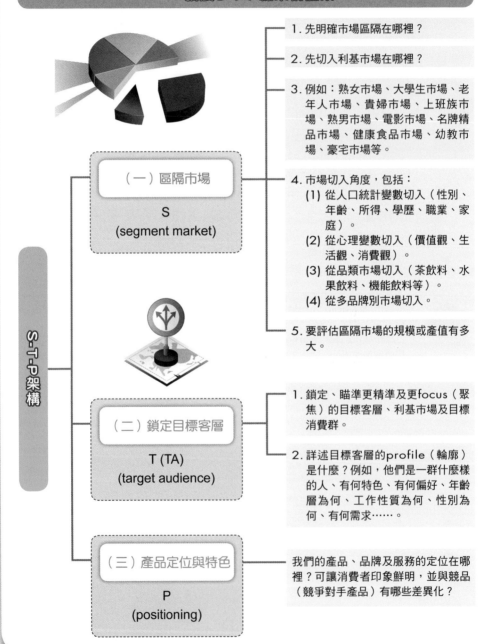

S-T-P架構

（一）區隔市場

S
(segment market)

1. 先明確市場區隔在哪裡？

2. 先切入利基市場在哪裡？

3. 例如：熟女市場、大學生市場、老年人市場、貴婦市場、上班族市場、熟男市場、電影市場、名牌精品市場、健康食品市場、幼教市場、豪宅市場等。

4. 市場切入角度，包括：
   (1) 從人口統計變數切入（性別、年齡、所得、學歷、職業、家庭）。
   (2) 從心理變數切入（價值觀、生活觀、消費觀）。
   (3) 從品類市場切入（茶飲料、水果飲料、機能飲料等）。
   (4) 從多品牌別市場切入。

5. 要評估區隔市場的規模或產值有多大。

（二）鎖定目標客層

T (TA)
(target audience)

1. 鎖定、瞄準更精準及更focus（聚焦）的目標客層、利基市場及目標消費群。

2. 詳述目標客層的profile（輪廓）是什麼？例如，他們是一群什麼樣的人、有何特色、有何偏好、年齡層為何、工作性質為何、性別為何、有何需求……。

（三）產品定位與特色

P
(positioning)

我們的產品、品牌及服務的定位在哪裡？可讓消費者印象鮮明，並與競品（競爭對手產品）有哪些差異化？

二、S-T-P架構與行銷4P組合的緊密關聯性

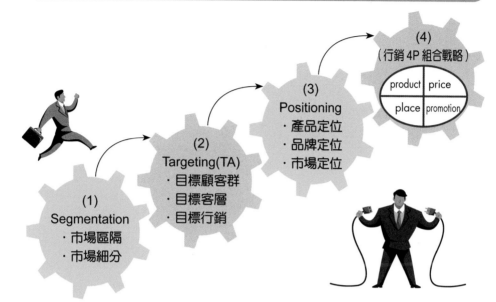

(1)
Segmentation
‧市場區隔
‧市場細分

(2)
Targeting(TA)
‧目標顧客群
‧目標客層
‧目標行銷

(3)
Positioning
‧產品定位
‧品牌定位
‧市場定位

(4)
（行銷 4P 組合戰略）

product	price
place	promotion

三、S-T-P架構在整體行銷六大重點核心中「第二段」的位置

① (1) 變化、問題、機會
1. 內部及外部環境分析
2. 問題與商機何在？
3. 消費者被滿足了嗎？
（不斷地問自己）

② (2) S-T-P
1. Segmentation（區隔市場）
2. Targeting(TA)（在區隔市場中，再確立更精確的族群，並鎖定目標消費族群）
3. Positioning（品牌定位/產品定位）

③ (3) 8P 與 1S 策略和計畫
1. 產品(product)
2. 通路(place)
3. 定價(price)
4. 促銷與廣告(promotion)
5. 人員銷售(personal sales)
6. 公共事務(PR)
7. 現場環境(physical environment)
8. 作業流程(process)
9. 服務(service)

④ (4) CS 顧客滿意與顧客忠誠

⑥ (6) 追求營收成長、獲利佳

⑤ (5) 全面落實：1.行銷與消費者研究　2.市場調查　3.顧客導向　4.資料庫情報系統

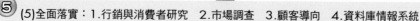

013

市場區隔變數分析 (part I)

　　要將市場做區隔其依據的變數必然是多個的，下面針對市場區隔化的主要變數加以討論。

一、地理區隔化

　　係按地理區域的不同，而將之區隔為不同的市場。此地理變數，如按國家、省分、城市、人口密度、氣候等予以區隔。例如：通用食品生產的麥斯威爾咖啡為在美國西部城市所銷售之咖啡，其味道較濃；中國四川省的速食麵口味就比較需要辣一些。另外，在美國因為地大物博，因此轎車都比較大；而在臺灣則因人口擁擠，汽車大小設計得較為適中。

二、人口變數區隔化

　　所謂人口區隔化，係依人口變數而將市場予以區隔。這些人口變數包括：

　　（一）**年齡與生命週期**：人的消費欲望、程度及能力，會隨年齡及生命週期而有不同。而這些不同，即可藉以區分為不同的區隔市場。例如：麗嬰房專賣店係以專賣嬰兒用品為主要區隔市場；PUB 則是以年輕人為對象的熱鬧酒吧。再如，美國通用食品曾推出一組四種的罐頭狗食：第一種適合「小狗」、第二種適合「已長大的狗」、第三種適合「過重的狗」、第四種適合「老狗」，此做法企圖擴大市場占有率。日商倍樂生公司亦將其出版的巧連智兒童刊物，分為3-4歲、5-6歲、7-8歲等多種不同年齡層、不同內容。

　　（二）**性別**：性別漸漸被用來作為市場區隔變數 (market segmentation variables)。例如：在香菸行業，男性與女性香菸在菸味、包裝設計、行銷廣告等均有明顯不同。此外，汽車、化妝品、雜誌、服裝、瘦身美容等均按性別來區隔市場。

　　（三）**所得**：所得早已普遍作為區隔市場之最古老變數，主要是所得代表一種購買力，而購買力就是業者的銷售基礎。例如：在汽車業、服務業、住屋、飾品等產品方面，均依高所得、中所得、低所得而分別推出不同相對應的產品及行銷組合訴求。再如，賓士 (BENZ)、LEXUS 兩種轎車以高所得群為銷售對象，而中華三菱 LANCER 及豐田 CAMRY 則以中產階級群為主。另外，歐洲名牌精品廠商 LV、Dior、CHANEL 等係高價位的時尚代表者。

　　（四）**家庭**：以家庭人口數及家庭生命循環週期為區隔變數也偶可見到。例如：小套房住宅以單身貴族為銷售對象；高級休旅車、大型液晶電視則以家庭為銷售對象。

　　（五）**職業**：一般來說，職業的區隔可以分為七類：(1) 家庭主婦、(2) 學生、(3) 白領上班族、(4) 藍領上班族、(5) 退休人員、(6) 技術人員、(7) 商店老闆、企業老闆。

　　（六）**其他**：教育、宗教、種族、國籍、工作性質等。

五大類市場區隔變數

02 地理區隔變數

03 心理區隔變數

01 人口統計變數

04 行為區隔變數

05 價格區隔變數

人口統計變數六項指標

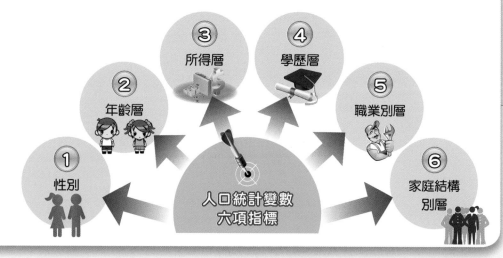

③ 所得層

④ 學歷層

② 年齡層

⑤ 職業別層

① 性別

⑥ 家庭結構別層

人口統計變數六項指標

三、心理區隔化

係依下列心理變數而將消費者分為不同群體：

（一）**社會階層** (social class)：一般而言，社會階層可區分為六個階層，分別為上上、上下、中上、中下、下上、下下等六個社會階層，各個階層可以自成一個市場區隔。

（二）**生活方式** (way of life)：經實證研究顯示，消費者的興趣及消費型態已越來越受其生活方式的影響；而不同的生活方式，也構成了市場區隔之參考變數。

例如：德國福斯汽車依消費者的不同生活型態，設計了兩種不同的車型：一種是替「保守的好國民」設計，強調安全、經濟、生態維護等；另一種是替「汽車幻想者」設計，強調消遣娛樂、刺激與快速。

（三）**人格** (personality)：行銷人員有時對他們的產品賦予「品牌個性」(brand personality)，以求與「消費者人格」(consumer personality) 相配對。例如：德國福特汽車的購買者被認為是：具獨立性、大丈夫氣概且充滿自信；而雪佛蘭汽車則被認為是偏於保守、節儉、柔順、不走極端。

依消費者不同的人格特質，亦可設計出不同的產品及行銷組合，以期抓住相同人格的消費群，而達成銷售目標。

四、行為變數

（一）**使用時機**：消費者在什麼時機下形成對產品的需要、購買或使用，可作為區隔消費者的基礎。用使用時機來區隔市場，常可作為擴充產品線的策略。例如：美國生產柳橙汁的公司，常教育消費者除了早餐飲用之外，希望中餐、晚餐也能夠飲用。

（二）**追求利益**：依消費者對產品追求利益的不同，亦可作為區隔市場之基礎。

（三）**態度**：市場中的購買者態度大致分類如下：狂熱的、積極的、可有可無的、拒絕的、敵對的等五種。

市場區隔亦可以消費者的態度作為區隔基礎。

五、價格變數

依價格高、中、低程度的不同，也可以作為區隔市場的變數，此種應用已日益普遍。例如：最近蓬勃發展的桃園華泰 Outlet 及林口三井 Outlet 購物中心，即以低價為訴求及區隔市場。

市場區隔（市場分眾化）的五大類要素

1 人口統計變數
- 年齡
- 性別
- 職業
- 教育
- 所得
- 宗教
- 人種
- 其他

2 地理要素
- 地域
- 氣候
- 都市規模
- 人口密度
- 其他

3 心理要素
- 人格
- 性格
- 生活型態
- 其他

4 購買行動的要素
- 品牌忠誠度
- 使用頻率
- 使用用途
- 購買機會
- 其他

5 價格要素
- 高、中、低定價

市場區隔的可行性評估(feasibility study)

(1-1) 將同質性高的某一個顧客群市場加以細分化的要因，包括：

- 地理要因變數
- 人口統計變數
- 行為變數
- 心理變數

　─ 年齡
　─ 性別
　─ 學歷
　─ 職業
　─ 所得

(1-2) 對區隔後的市場可行性評估包括：

- 區隔市場規模多大？
- 區隔市場成長性如何？
- 在此市場結構上的魅力／吸引力如何？
- 本公司是否具有資源、能力及競爭力可搶食得到？
- 潛在競爭對手狀況如何？

(2) 洞察及完全理解這一個顧客群的所有特性及需求

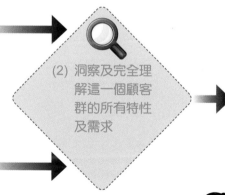

(3) 追求顧客終身價值的最大化

【案例1】有線電視頻道市場區隔

① 新聞頻道

② 戲劇頻道

③ 綜合頻道

④ Discovery、NCC 新知頻道

⑤ 國片頻道

⑥ 宗教頻道

⑦ 兒童卡通頻道

⑧ 洋片頻道

有線電視頻道市場區隔

【案例2】貴族中小學市場區隔

一般中小學

・康軒（橋）雙語國小
・再興中學
・薇閣中學

【案例3】保養品市場區隔

1. 歐蕾、旁氏、L'OREAL	2. SK-II、資生堂、蘭蔻、雅詩蘭黛	3. Dior、CHANEL、Sisley、LA MER
一般價位（平價）	中高價位	高價位

【案例4】高價大飯店及平價旅館市場區隔

(一)平價旅館

1. 捷絲旅
2. 福泰桔子
3. Amba

(二)高價大飯店

1. 文華東方
2. W Hotel
3. 君悅
4. 晶華

【案例5】平價、中價、高價汽車市場區隔

(一)平價車

1. YARIS
2. TIIDA
3. ALTIS

(二)中價車

1. CAMRY
2. MAZDA
3. NISSAN
4. MITSUBISHI LANCER

(三)高價車

1. 賓利
2. 勞斯萊斯
3. 賓士
4. BMW
5. LEXUS

【案例6】低價、高價面膜市場區隔

(一)平價面膜

1. 我的美麗日記
2. 丹堤
3. TT 面膜

(二)高價面膜

1. SK-II
2. 寵愛一生

2-6 產品定位的定義、步驟及方法

一、定義

產品定位 (product positioning) 係指廠商設計公司的產品及行銷組合，期使能在消費者心目中占有一席之地，建立堅固印象。換個角度看，產品定位也可以說是在目標市場消費群，該產品的品牌個性 (brand personality) 為何。著名的廣告人歐格威曾對定位有如下描述：「這個產品要做什麼？是給誰用的？」因此，關於定位首先應明確定義下列五個概念：

1. 什麼樣的人會來買這個產品？（目標消費者）
2. 這些人為什麼要來買這個產品？（產品差異化）
3. 目標消費者會以這個產品代替什麼產品？（競爭者是誰？）
4. 這個產品會站在消費者心目中的哪個位置？
5. 別人看到你的產品或品牌，他們會聯想到什麼？

二、產品定位的三大實務步驟（精簡）

在實務上，企業對自身公司的定位、或對產品的定位、或對品牌的定位，大致上可歸納為三大步驟，如右圖所示。

三、產品定位方法及案例

有關產品定位可利用如右圖的「知覺圖」(perceptual map) 來處理，茲舉例如下：

案例

1. 星巴克：高價位、高級氣氛的連鎖咖啡店。
2. 涵碧樓：高價位風景區休閒旅館。
3. 全聯福利中心：平價超市。
4. Häagen-Dazs：高價味美冰淇淋。
5. 85 度 C 咖啡：平價咖啡與蛋糕連鎖店。
6. SONY 手機：具備音樂與照相高附加價值的手機供應商。
7. 舒酸定：為敏感性牙齒提供牙醫一致推薦的最好牙膏。
8. 賓士轎車：提供老闆級、有錢人最高等級的座車。
9. 家樂福：提供一站購足且價格便宜的量販店。
10. NIKE：高價位、高品質的運動用品供應者。

產品定位的三大步驟

步驟一

1-1
・瞭解主要競爭對手的定位情況及優劣勢

1-2
・瞭解公司自身定位的情況及優劣勢

1-3
・瞭解消費者的需求狀況及對各家定位的偏愛程度

步驟二

2
・本公司、本產品是否還有定位空間？若有，在哪裡？是什麼？大家集思廣益找到有效的定位。

步驟三

3
・對定位的陳述，以及後續的相關行銷 4P 策略的規劃。例如：產品策略、通路策略、定價策略及推廣策略如何，因應公司的定位做好最佳配合。

【案例1】洗髮精市場定位圖示

深層滋潤

・飛柔（寶僑）
・海倫仙度絲（寶僑）

・多芬（聯合利華）
・TSUBAKI
・坎妮（聯合利華）

去頭皮屑

一般

柔亮光澤

・潘婷（寶僑）
・566
・絲逸歡（花王）
・LUX（聯合利華）

【案例2】汽車定位圖示

高價位

・INFINITY
・CAMRY
・LANCER

・賓士　　・LEXUS
・凱迪拉克　・別克（BUICK）
・BMW

簡易車型

中價位

豪華車型

・三陽喜美
・ALTIS
・SENTRA

低價位

2-7　P-D-F行銷致勝三大準則

一、王品戴勝益前董事長的「三大行銷成功指導原則」

王品餐飲集團事業經營與行銷的最高指導原則：

P-D-F

1. 客觀化的定位 (positioning)
2. 差異化的優越性 (differential)
3. 焦點專注深耕 (focus)

（一）客觀化的定位之意涵

「任何事業第一步，一定要先做好客觀化的市場調查與定位，才能知道這個事業有無發展潛力及經營對手，以及利基市場及商機的空間在哪裡。」

「訂定策略前，要先瞭解有沒有市場。過於自我主觀化的樂觀，會無法洞悉市場的真正需求。」

「好產品是不會寂寞的，但要先有正確的定位。」

（二）差異化的優越性之意涵

「但差異化經營的精髓，在於必須差異化，具備比競爭對手更好、更強的優越性，否則這種差異化就沒有任何的意義。雖然很多企業都在創造差異化，但鮮少具有優越性。」

「差異化可以讓別人看到你，但能不能夠成功，端視有沒有優越性。」

「因此，有差異化還不夠，唯有優越性的差異化，才可以澈底拋開對手。」

（三）焦點專注深耕的意涵

「最後，必須要 focus 聚焦深耕，因為市場競爭越來越激烈，只有更專業、更專家才能勝出。」

「在擁有超群的優越性之後，繼續耕耘並穩住原本的客源，再進一步拓展新顧客。」

二、戴勝益前董事長結語

「若不能符合這三大條件，有再好的創意或生意，一切都免談。」

成功經營與成功行銷三原則

（一）三個環環相扣「配套」(package)組合

| Accurate (positioning) 客觀化的定位 | + | Superior  (differential) 差異化的優越性 | + | Dedicate  (focus) 焦點專注深耕 | = | Successful Business & Marketing |

・成功的經營與成功的行銷）
・打造強大的核心競爭力（core competence），競爭對手一時跟不上來

力求實踐並一貫堅定：顧客導向的信念

差異化「優越性」的定義

優越性定義

［比競爭對手］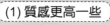

(1) 質感更高一些
(2) 更美觀一些
(3) 更好吃一些
(4) 更好看一些
(5) 更好用一些
(6) 更有效一些

(7) 更有名一些
(8) 更便利一些
(9) 更快一些
(10) 更完整一些
(11) 更好玩一些
(12) 更設想周到一些

(13) 更精緻一些
(14) 更主動一些
(15) 更優惠一些
(16) 更專業一些

優越性的差異化「表現」在哪裡

差異化的「表現」

(1) 功能、功效更優越
(2) 品質等級更優越
(3) 配方更優越
(4) 設計感更優越
(5) 材質更優越
(6) 工藝／手工更優越
(7) 包材更優越
(8) 製程／加工更優越
(9) 包裝更優越
(10) 成分更優越

(11) 現場環境布置裝潢更優越
(12) 通路場所更優越
(13) 品牌形象更優越
(14) 社會公益形象更優越
(15) 物流配送更優越
(16) 服務更優越
(17) 技術更優越
(18) 顧客關係管理更優越
(19) 產品代言人更優越

2-8 行銷4P組合概述

行銷「4P」的學習重點與思考點

行銷 4P 是行銷活動的最主要核心，也是日常作業中經常要解決與創新的所在。

（一）第一個 P：product（產品）

主要在實務上要瞭解到如下幾點：

1. 公司一定要有新產品、新品牌上市、上架。
2. 公司要思考如何改善既有的產品？
3. 公司要思考如何打造出知名的產品品牌？
4. 公司要思考如何做好「產品組合」規劃？
5. 公司要思考如何提升產品的總體競爭力？包括包裝、品質、功能、設計、命名、原物料、效用……。
6. 公司要思考如何做好產品的市調、研發與業務三方面結合的共識。

（二）第二個 P：price（定價）

1. 公司要思考如何使產品的「成本結構」最適當、最低及最有競爭力？因此，要瞭解、規劃、控制及降低產品成本總額與成本結構為宜。
2. 公司要思考如何做好產品組合、產品線，以及各個產品的最佳定價策略為何？
3. 如何訂出一個有競爭力的價格？
4. 公司要評估各種定價結果與公司最終利潤間的變化關係及影響？
5. 公司隨時蒐集、分析及判斷市場上，各競爭對手的價格變化與因應對策？

（三）第三個 P：place（通路）

1. 公司要如何思考什麼樣的通路結構及通路組合才是最佳的？
2. 公司要思考如何選擇、如何找到、如何洽談最強的下游各種通路商？有好的、強的通路商，本公司的產品才能賣得好。
3. 公司要思考如何配合、如何提升、如何管理、如何協助下游各通路商的各種行銷能力？包括各種獎勵、教育訓練、融資、資訊協助、改裝、做促銷活動……。
4. 公司要思考如何與重要通路商維持良好的關係，維持雙方穩定的狀態？
5. 公司要思考是否應投資下游通路的經營或自行跨業經營通路？此做法是否得宜？
6. 公司要思考從通路端蒐集到市場、消費者與競爭者的第一手資訊情報，以做好因應對策之用。

（四）第四個 P：（promotion）（推廣）

公司要思考如何做好廣告、公關報導、促銷活動、人員銷售、直效行銷、會員經營、網路行銷、事件行銷及公關活動等支援性工作，以協助產品行銷成功。

行銷4P組合

1. 產品
(product)

2. 價格
(price)

目標客層

3. 通路
(place)

4. 推廣
(promotion)

市場區隔化、目標市場及行銷4P是一致性相呼應的

| 1. 市場區隔化 | ・依據顧客的人口統計變數或心理或行為變數，將顧客群(customer group)加以細分化及區隔化。 |

| 2. 選定目標市場
（目標客群）
(TA) | ・從上述市場區隔中，再精確／準確地選擇具有商機或能滿足這一群顧客需求的目標客層出來，將來就主攻這一個客戶群。 |

| 3. 產品／服務的
定位 | ・針對前述的目標客層，瞭解他們的潛在物質及心理需求，設計出可以使他們消費的產品，及服務其特色與特質印象明確的位置所在。 |

| 4. 以 4P 行銷組
合，展現出定
位戰略 | ・根據滿足目標客層需求與價值的內涵，研訂行銷4P或8P組合策略，以作為落實執行計畫。 |

Date _____/_____/_____

第三章

產品行銷致勝策略的思維架構、洞見新商機暨產品USP的創造

產品行銷致勝策略的思維架構

一、美國P&G公司產品行銷策略的思維架構

美國 P&G 公司是全球第一大日用品公司，旗下產品包括 SK-II、潘婷、海倫仙度絲、歐蕾、吉列刮鬍刀……數十個品牌之多，行銷全球數十個國家，其行銷策略思維與做法，值得吾人參考學習。

架構一

消費者是唯一考量點

Who?
· 這個產品要賣給誰？
· 這個產品訴求的消費者是誰？

What & Why?
· 消費者有什麼需求？
· 想滿足消費者什麼東西？
· 消費者為什麼需要這些滿足？
· 這個產品真的會比競爭對手產品更能滿足消費者嗎？說明原因何在？
· 認真、用心、親臨、同理心的做好消費者洞察

How?
· 究竟應該以什麼樣的行銷方式、行銷組合或傳播媒介，才能成功地接觸到目標消費群？
· 這些整合行銷行動是否具有創意性及有效性？

所有策略執行，都在為這三個問題尋求最好的答案

找出關鍵點，直指核心

· 上述沒有標準答案，只有當時可能最適合、可能最有效、可能最好的答案。
· 如何達到呢？必須找出最重要的關鍵點心的思考、直指核心，不要想太多外圍的、偏離的問題。
· 唯一要想的就是消費者內心（含心理及物質）真正的需要是什麼？一定要找出他們內心最渴望的，然後透過創新的產品、品牌、包裝、功能、心靈、感想等滿足他們，而且要比競爭對手做得更好。
· 要用心創造符合需求的顧客核心價值。

進一步及持續幫助消費者擁有更好的生活品質

長遠經營品牌

· 以長遠經營的眼光及角度來經營品牌，不做短線操作。

END

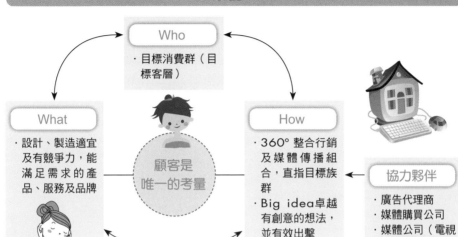

Who
・目標消費群（目標客層）

What
・設計、製造適宜及有競爭力，能滿足需求的產品、服務及品牌

顧客是唯一的考量

How
・360° 整合行銷及媒體傳播組合，直指目標族群
・Big idea卓越有創意的想法，並有效出擊

協力夥伴
・廣告代理商
・媒體購買公司
・媒體公司（電視臺／報紙）
・公關公司
・整合行銷公司
・店頭行銷公司
・網路行銷公司
・戶外行銷公司

二、肯德基的產品行銷策略思考架構

產品力與消費者是核心

（一）消費者洞察

・一個產品要推出前，肯德基會先進行消費者調查。
・廣告片製作完成還沒有播映之前，也會找一群消費者來評論他們對這則廣告片的看法，找出其中的優點及缺點，然後再與廣告代理商討論並改進缺點。

（二）產品力

・肯德基在產品口味研發上，也是不停地追求創新及各種改變。
・再根據每個產品的特色去發想廣告創意。每一個廣告都必須符合creative brief。而creative brief的產生，就必須包含了產品力及消費者洞察（product benefit & consumer insight）。

・創造好業績
・不斷滿足消費者求新求變的需求

產品行銷常勝軍總體架構體系

一、產品行銷致勝的「完整思維」與「全方位觀念架構」

（一） 商機何在？	1. 想做什麼產品？什麼服務或事業？ 2. 想做什麼品牌？ 3. 這是商機嗎？為什麼？

（二） 競爭者分析，空間何在？	1. 有哪些競爭者已投入市場？狀況如何？ 2. 這個商機市場的進入門檻高或低？ 3. 還有空間嗎？跟競爭對手的優劣勢比較如何？勝算如何？空間在哪裡？空間真的可以形成市場嗎？

（三） 關鍵成功的因素何在？	1. 這個市場或這個產品的關鍵成功因素(key success factor, KSF)有哪些？為什麼？ 2. 這個是我們擅長的嗎？是或不是？為什麼？

（四） 進入何種利基市場？	究竟要切入哪一塊利基市場才比較容易成功？此市場是否具可行性及未來性？

（五） 如何執行？S-T-P 架構	1. 選定區隔市場(segment market) 2. 目標顧客族群或客層為何(targeting)？顧客群輪廓如何(target market)？ 3. 細心分析產品地位或品牌定位為何？品質等級為何(positioning)？ 4. 洞察消費者(consumer insight)

（六） 如何組合行銷策略	1. 產品策略為何？ 2. 定價策略為何？ 3. 通路策略為何？ 4. 廣告策略為何？ 5. 人員銷售組織為何？ 6. 媒體公關策略為何？	7. 公關媒體策略為何？ 8. 服務策略為何？ 9. 會員經營策略為何？ 10. 有何獨特銷售賣點(USP)？ 11. 有何差異化？ 12. 促銷策略為何？

（七）展開執行

二、產品行銷策略的思維方法

- 必須真正瞭解及洞察到目標客層想要什麼、需要什麼

行銷組合４Ｐ的任務

- 對提供目標客層的產品「定位」，並且比競爭對手
  - －提供更高的顧客價值
  - －提供更高的顧客滿足
  - －提供更優良的品質

- 應連結本公司的競爭優勢或強項，然後研訂具體的行銷戰略方案

- 執行顧客關係管理（CRM），構築與顧客的長久連結度

三、有效結合下列兩項，就是行銷企劃致勝常勝軍

七項分析力及規劃力

1. 商機何在？
   Where is money?
   Where is opportunity?
2. 分析競爭者，找出空間何在？
3. 此行業的關鍵成功因素何在？
4. 要進入何種利基市場？

5. 應如何執行？
   S-T-P 架構
6. 如何執行？
   行銷組合策略的做法
7. 應如何執行？
   品牌化的經營

+

十項管理思考力

1. What
2. Why
3. Who
4. When
5. Where

6. Whom
7. How to do
8. How much
9. How long
10. Effectiveness

洞見新商機的觀念及做法

洞見市場商機及產品商機，是行銷人員工作重要的一環，因此要能夠具有檢視內外環境的能力，及洞見新商機的智慧與遠見。

一、不斷檢視內外部環境的變化及趨勢

五大內外部環境分析

1. 市場分析

2. 消費者分析（消費者洞察）

3. 競爭者分析（競品分析）

4. 自我公司條件分析（反省自己、檢討自己）

5. 國外先進國家、產業、市場、領導公司之發展現況、經驗及未來趨勢

二、不斷檢視內外部環境的變化及趨勢的七大做法

檢視內外部環境變化與趨勢做法

1. 需有專責的單位、人力及費用編制，專心做好此事，並需定期提出分析及對策報告

2. 定期蒐集國內外已發布的次級資料情報

| 報紙 |
| 雜誌 |
| 期刊 |
| 專刊 |
| 研究報告 |
| 年報 |
| 書籍 |
| 官網/臉書 |
| DM |

3. 赴國外參訪（參訪第一品牌公司、優良代表性公司或市場考察）

4. 赴國外參展（大型展覽會）

5. 委外或自行做市場調查（市調、民調）

電話訪問
焦點座談會(FGI、FGD)
家庭訪問、填問卷
街訪、路訪
店頭訪問、經銷商訪問
一對一專家訪問
網路調查
網路專屬會員調查
家庭生活貼身調查
大賣場貼身跟隨調查
日記紀錄調查法
生活錄影調查法

6. 內外部各種營運數據統計資料及 POS 資料分析

7. 委託學者專家做專案式或主題式的研究報告

三、行銷新的機會點在哪裡

行銷新的機會點是什麼

1. 找到新的行銷經營模式 (business model)
2. 找到新的區隔市場、利基市場或目標市場
3. 找到新的網路行銷手法
4. 找到新的通路
5. 找到新的產品定位
6. 找到新的服務
7. 找到新的異業合作
8. 找到新的定價方式
9. 找到創新的廣告製作手法及內容
10. 找到新的併購成長方式
11. 找到新的產品或產品線或品牌延伸
12. 找到新的媒體操作手法
13. 找到新的包材及包裝設計
14. 找到有利的、新的產品訴求點或 slogan
15. 找到新的促銷活動方法
16. 找到新的品質及獨特功能

四、行銷新商機的十個本質條件

行銷新商機的十個本質條件

1. 真正滿足他們現在的需求，解決他們在各種生活上、工作上及心靈上的各種問題
2. 能夠預見性的滿足消費者未來性及潛在性、未被開發出來的需求
3. 與競品相比較具有差異化、獨特化及獨特銷售賣點
4. 不論產品或服務，都能令消費者感到物超所值
5. 是有品牌的，是能讓消費者感到信賴的、值得付出的
6. 消費者能感到價格合理的，甚至物超所值
7. 在先進國家被證明是成功的模式或成功的公司
8. 能讓消費者感到比現在的產品或服務，有更好一些、更棒一些的感受
9. 能為消費者創造出物質面、經濟面或心理面、心靈面、健康面的有價值內涵
10. 能讓消費者有創新的感覺，有新鮮感且不會膩

3-4 最新消費趨勢：兩極化發展趨勢明顯

一、商品市場的兩種變化

在日本或臺灣，由於市場所得層的兩極化以及 M 型社會與 M 型消費明確的發展，過去長期以來的商品市場金字塔型的結構，已改變為兩個倒三角形的商品結構型態。如右頁圖示。

二、兩極化市場商品同時發展並進

今後，市場商品將朝兩個方向同時並進發展，分述如下：

1. 朝可得更大滿足感的高級品開發方向努力前進，以搶食 M 型消費右端 10～20% 的高所得或個性化消費者。

2. 朝向更低價格的商品開發及上市。但是值得注意的是，所謂低價格並不能與較差的品質畫上等號（即低價格不等於低品質）。相反地，在「平價奢華風」的消費環境中，反而更是要做出「高品味、好品質，但又能低價格」的商品出來，如此必能勝出。

另外，在中價位及中等程度品質領域的商品一定會衰退，市場空間會被高價及低價所壓縮及重新再分配。隨著全球化發展的趨勢，具有全球化市場行銷的產品及開發，其未來需求也必會突增。因此，很多商品設計與開發應以全球化市場眼光來因應，才能獲取更大的全球成長商機。

以國內或日本食品飲料業為例，不管是高價位的 premium（高附加價值）食品飲料，或是低價食品飲料，很多大廠也都是同步朝兩極化產品開發及上市。例如：日本第一大速食麵公司日清食品，在 2006 年 12 月就曾發表超容量（即麵條是過去的兩倍）的商品，但價格卻是與過去一般平價的 190 日圓的速食麵相當。因此，食品飲料大廠不只要經營「上流社會」，同時也要考量有更廣大的「下流社會」的需求需要被滿足。

三、結語：M 型社會來臨，市場空間重新配置

綜合來看，隨著 M 型社會及 M 型消費趨勢的日益成形，市場規模與市場空間已向高價與低價（平價）兩邊靠攏，中間地帶的市場空間已被分流及重新配置了。廠商未來必須朝更有質感的產品開發，以及高價與低價兩種靈活的定價策略應用，然後鎖定目標客層展開全方位行銷必可長保勝出。

消費結構的顯著變化

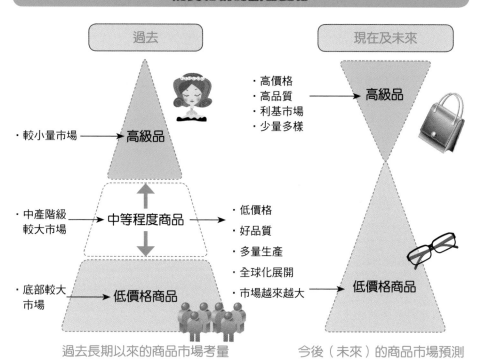

過去

現在及未來

・高價格
・高品質
・利基市場
・少量多樣

高級品

・較小量市場 — 高級品

・中產階級較大市場 中等程度商品

・低價格
・好品質
・多量生產
・全球化展開
・市場越來越大

・底部較大市場 — 低價格商品

低價格商品

過去長期以來的商品市場考量

今後（未來）的商品市場預測

M型消費時代來臨

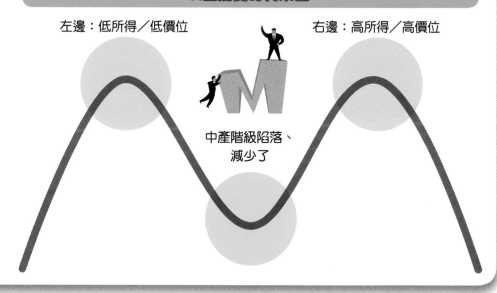

左邊：低所得／低價位

右邊：高所得／高價位

中產階級陷落、
減少了

第三章 產品行銷致勝策略的思維架構、洞見新商機暨產品 USP 的創造

035

思考獨特銷售賣點如何差異化、特色化

一、問題的省思

行銷競爭非常激烈，新產品上市成功率平均僅有一至兩成而已，其他八成新品不到三個月就遭到下架或消失了。不管是新品上市、品牌再生或既有產品的革新改善，千萬不要忘了最根本的核心思考點：「你的產品或服務，到底有哪些獨特銷售賣點、特色化、差異化或價值，值得消費者購買你的產品，而不買其他公司的產品？」因此，必須做好「消費者洞察」(consumer insight) 的工作，結合產品的差異化及特色化確實滿足消費者。

二、如何導出獨特銷售賣點及差異化特色

依右圖示的架構項目，再進一步思考如何做到 USP 或差異化特色。

三、十六個切入思考點的四項必要補充條件是否做到了？

十六個構思出產品獨特銷售賣點與差異化特色的四項條件

內涵實質超越對手：
你的產品特色真的超越主要競爭對手，而不是跟隨在對方後面。

領先一步推出：
產品的特色或 USP 必須搶先對手推出，不能落後。

要與對手不一樣：
產品的特色或 USP 與對手是完全不一樣，是屬於自家獨有的。

對消費者而言，是有意義、有價值、物超所值的。

產品的特色或 USP 不能只是講好聽的，必須能滿足消費者內心的各種需求或創造出新的顧客潛在需求。

從十六個面向思考公司產品如何差異化及如何有特色訴求

產品獨特銷售賣點、差異化、特色化的十六個切入思考面

1. 從滿足消費者需求面切入

- ·健康　·活力　·美麗　·青春　·好吃　·好唱　　·榮耀
- ·快樂　·好玩　·好住　·好開　·便利　·一次購足　·好看
- ·其他物質及心理面的滿足

2. 從研發與技術特色面切入

- ·有什麼獨特的技術？　　·R&D人員做得出來嗎？

3. 從製程特色面切入

製造過程中的特色化或差異化？

4. 從原料、物料、零組件特色面切入

例如：冠軍茶、冠軍牛乳、有機蔬果、埃及棉、日本綠茶、高效能乳酸菌、最高級皮革……

5. 從品質等級特色面切入

頂級品質、高品質等

6. 從現場環境設計、氣氛、設備、器材、地理位置特色面切入

例如：日月潭涵碧樓的獨特位置

7. 從功能特色面切入

有什麼差異化功能？

8. 從服務特色面切入

提供什麼不一樣的服務？

9. 從品管嚴格特色面切入

有數十道、上百道的品管過程把關

10. 從手工打造特色面切入

11. 從訂製、特製、全球限量特色面切入

12. 從獨家配方、專利權特色面切入

13. 從低價格特色面切入

14. 從全球競賽得獎特色面切入

15. 從現場現做的特色面切入

16. 從品牌知名度切入

Date _____/_____/_____

第四章

產品內容概述——產品層面、戰略管理、包裝、命名、服務、品質、產品生命週期及環保

4-1 產品的三個層面涵義

一、產品的定義，可從三個層面加以觀察

（一）核心產品 (core product)

係指核心利益或服務。例如：為了健康、美麗、享受或地位。

（二）有形之產品 (tangible product)

係指產品之外觀形式、品質水準、品牌名稱、包裝、特徵、口味、尺寸大小、容量等。

（三）擴大之產品 (expand product)

係指產品之安裝、保證、售後服務、運送及信用等。

二、要思考：擴大之產品

我們（廠商）要帶給消費者：

1. 什麼樣的貼心售後服務、專屬服務？
2. 什麼樣的有力保證、保障？
3. 什麼樣的免息分期付款？
4. 免費宅配到家！
5. 24 小時、6 小時快速宅配到家！

三、產品力根源

同時、同步、做好、做強：

1. 核心產品
2. 有形產品
3. 擴大產品

四、產品的內涵

顧客購買的是對產品或服務的「滿足」，而不是產品的外型。因此，產品是企業提供給顧客需求的滿足。這種滿足是整體的滿足感，包括：

1. 優良品質。
2. 清楚的說明。
3. 方便的購買。
4. 便利使用。
5. 可靠的售後保證。
6. 完美與快速服務。
7. 甚至是信任品牌與榮耀感等。

產品的三個層次內涵

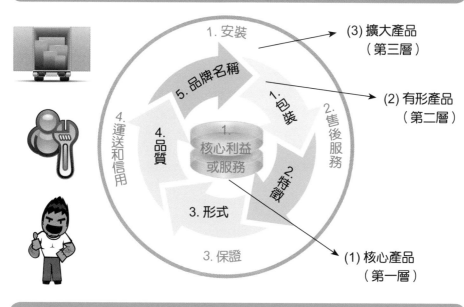

1. 安裝 → **(3) 擴大產品**（第三層）

5. 品牌名稱

4. 運送和信用

4. 品質

1. 核心利益或服務

1. 包裝 → **(2) 有形產品**（第二層）

2. 售後服務

2. 特徵

3. 形式 → **(1) 核心產品**（第一層）

3. 保證

產品利益點(product benefit)

1.要思考：核心產品	2.要思考：有形產品
我們（廠商）要帶給消費者	**我們（廠商）要帶給消費者**
⬇	⬇
• 什麼樣的利益點 (benefit) • 什麼樣的 USP ？	• 什麼樣的品牌水準？ • 什麼樣的功能水準？ • 什麼樣的設計水準？

3.利益點(benefit)是什麼？

保養品	→	抗老化、美白、青春
醫藥品	→	健康、康復
名牌精品	→	很好看、有名、心理尊榮
高級轎車	→	安全、虛榮、尊榮、高人一等
餐飲	→	好好吃、物美價廉

產品三個層面涵義之案例

一、應用實例之一

《以化妝保養品為例說明》

（一）核心產品

就化妝保養品而言，消費者購買化妝品之主要原因在於化妝品帶給她的效用，例如：美麗、清新、高貴、美白、青春留駐、抗老化等，此即為核心產品之觀念。

（二）有形產品

化妝品公司必須將化妝保養品可能帶給消費者的效用轉化成實體性產品，亦即化妝品之規格、顏色、品質、品牌、包裝……，此即為化妝保養品之有形產品觀念。

（二）擴大產品

除了將化妝保養品之功能或效用轉化成實體性之有形產品外，化妝品公司同時考慮到化妝品之使用說明、產品之運送、顧客之售後服務、網站服務、專屬會員等整體服務項目，此即為引申產品觀念。因此，擴大產品可謂涵蓋了核心產品及有形產品。

二、應用實例之二

《以名牌精品 LV、GUCCI、HERMES、Cartier、CHANEL 等為例》

（一）核心產品

就名牌精品而言，消費者購買名牌精品之主要原因，在於名牌精品可以帶給這些名媛貴婦或一般女性上班族的尊榮、炫耀、高人一等、快樂、滿足及驕傲、上流社會等心理的效用，此即為核心產品之觀念。

（二）有形產品

名牌精品公司必須將精品可能帶動消費者的上述效用轉化成實體性的產品，亦即名牌精品的品牌、高品質感、流行感、時尚感、走在尖端感、全球限量、製造原料、製造地、外觀設計、包裝、色系等，此即呈現出來的有形產品。

（三）擴大產品

除了心理效益及有形產品之外，產品的擴大性功能主要在指它的完美服務。包括：名牌精品一對一的服務、客製化服務、送貨到家、終身保固維修、專屬人員服務、VIP 會員頂級服務、優惠贈品、免費觀秀展等。

產品的三個層面內涵

① 核心利益點
在哪裡？

+

② 有形產品的
實體如何？

+

③ 擴大服務與
延伸服務如何？

例如：國外名牌精品

（一）核心利益

- 尊榮感、炫耀、高人
一等、快樂、滿足、
驕傲、上流社會

（三）擴大服務

- 親自送貨到家
- 一對一服務
- 客製化服務
- 免費保固維修
- VIP 頂級服務
- 免費觀秀展
- 優惠贈品

（二）有形產品

- 品牌　　· 色系
- 高品質　· 外觀
- 時尚感　· 原料等級
- 包裝　　· 成分

4-3 產品的分類

一、耐久財、非耐久財與服務

依照行銷學會對產品之分類，依其耐久性不同而區分為下列三種：

（一）耐久財 (durable goods)

是有形的財貨，在正常情形下可持續使用多次，例如：電視、冰箱、音響、家具、冷氣、汽車、房屋等。

（二）非耐久財 (non durable goods)

是有形的財貨，在正常情形下可使用一次或少有的數次，例如：香皂、飲料、啤酒、麵包、餅乾等。

（三）服務 (service)

服務包括可供銷售的活動、利益或滿足，例如：美容、郵遞、運輸、金融、保險等。

二、消費財之分類 (consumer-goods classification)

（一）便利品 (convenience goods)

係指消費者經常的、立即的、隨地的購買，而不花精神的選購。例如：報紙、速食麵、醬油、香菸、飲料等均屬之。

（二）選購品 (shopping goods)

消費者在購買此類產品過程中，會比較產品的適用性、性質、外觀形式等。例如：家具、衣服、家庭電器用品、音響等屬之。

（三）特殊品 (specialty goods)

此類產品具有某些獨特之特性及購買場所上的稀少性，消費者願意花比較多的時間、價錢去做深入瞭解與購買。例如：古董品、畫家作品、藝術性產品等均屬之。

三、工業財之分類 (industrial goods classification)

（一）材料與零件 (material and parts)

包括農產品及天然產品之材料（如木材、原油、鐵砂），以及經過加工後之零組件（如 IC 板、真空管、液晶面板）。

（二）資本財項目 (capital items)

包括機械設備、廠房，以及輔助性裝備與辦公室用具等。

（三）原物料及服務 (supplies and services)

包括作業物料、維修用品，以及顧問與事務服務。

耐久財分類

① 耐久財

如：房屋、冰箱、冷氣、汽車、機車、床鋪、洗衣機、瓦斯爐、音響、手機、電腦、相機等。

\+

② 非耐久財

一般消費品，如：泡麵、零食、飲料、鮮奶、咖啡、香皂、衛生紙、洗髮精等。

消費財分類

① 便利品

\+

② 選購品

\+

③ 特殊品

工業財分類

① 材料、零組件、半成品

\+

② 原料、物料

\+

③ 機械、設備

產品戰略管理的重要性及面向內容(part I)

一、「產品戰略管理」的重要性

作為行銷第1P的產品 (product)，不僅是 4P 中的首 P，也是企業經營決戰的關鍵第 1P。因為企業的「產品力」是企業生存、發展、成長與勝出的最本質力量，它的重要性是不言可喻的。

因為，「產品戰略管理」(product strategy management) 就關乎著公司「產品力」的消長與盛衰，因此必須賦予高度的重視、分析、評估、規劃及管理。

二、產品戰略管理的四種層面

根據理論架構及企業實務狀況，筆者歸納出產品戰略管理四個面向，分別敘述如下：

（一）產品戰略之一：十一項組合

產品戰略管理的要項，包括如右圖所示的十一項內容：

1. 每一個不同產品的銷售「目標對象」(target audience, TA) 選擇策略為何？

2. 每一個不同產品的「命名」(naming) 策略為何？

3. 每一個不同產品的「品牌」(branding) 策略為何？

4. 每一個不同產品的「設計」(design) 策略為何？

5. 每一個不同產品的「包裝及包材」(package) 策略為何？

6. 每一個不同產品的「功能」(function) 策略為何？

7. 每一個不同產品的「品質」(quality) 策略為何？

8. 每一個不同產品的「服務」(service) 策略為何？

9. 每一個不同產品面對「生命週期」(life cycle) 的不同策略為何？

10. 每一個不同產品所組成或提供的「內涵／內容」(content) 策略為何？

11. 每一個不同產品為顧客所提供的「利益點」(benefit) 策略為何？

接續上述而來，右圖顯示公司應該如何做，才能追求及打造出具有高度競爭優勢的「產品力」。這些包括本公司產品在品質水準、質感、特色、功能、設計美學、品名、商標 logo、包材、包裝方式、品牌等各種環繞在「產品力」內涵組合的要項中，是否能做出比競爭對手更快、更好、更棒，以及是否能夠滿足消費者的需求，並為他們帶來物超所值的價值感的產品力知覺。

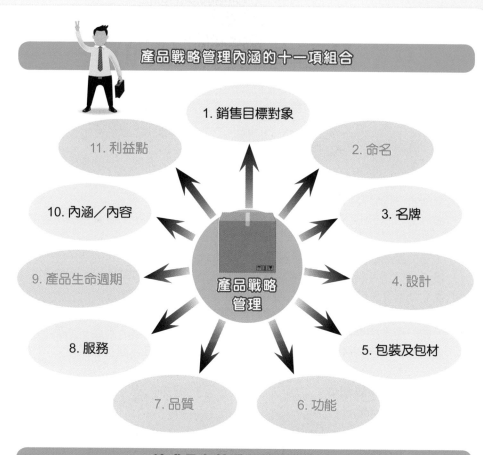

產品戰略管理內涵的十一項組合

- 1. 銷售目標對象
- 2. 命名
- 3. 名牌
- 4. 設計
- 5. 包裝及包材
- 6. 功能
- 7. 品質
- 8. 服務
- 9. 產品生命週期
- 10. 內涵／內容
- 11. 利益點

產品戰略管理

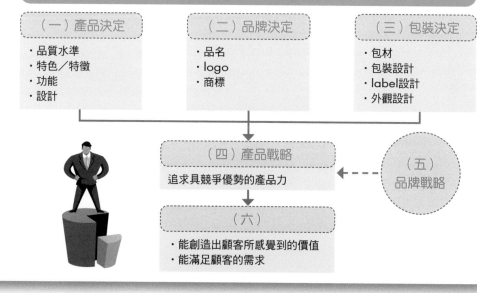

追求具有競爭優勢的產品力

（一）產品決定
- ・品質水準
- ・特色／特徵
- ・功能
- ・設計

（二）品牌決定
- ・品名
- ・logo
- ・商標

（三）包裝決定
- ・包材
- ・包裝設計
- ・label設計
- ・外觀設計

（四）產品戰略

追求具競爭優勢的產品力

（五）品牌戰略

（六）
- ・能創造出顧客所感覺到的價值
- ・能滿足顧客的需求

產品戰略管理的重要性及面向內容(part II)

（二）產品戰略之二：目標市場設定與產品定位的正確性與精準性

產品戰略第二個考慮要項是，究竟這一個產品應該設定在哪些目標市場，以及它們的產品定位又該訂在哪裡。

目標市場與產品定位的戰略一旦錯誤，產品自然會失敗、下架或無法獲利及成長。因此，公司行銷高層人員應該做好每一個不同產品、不同品牌，或不同服務的精準定位行銷及目標客群行銷。

如右圖即顯示出公司應如何規劃及評估目標市場的設定，以及產品定位的戰略思維與分析。

（三）產品戰略之三：產品線組合策略 (product mix)

接著，行銷人員對產品戰略的第三個考量點，就是必須思考本公司或本事業部的產品線組合及產品線決策應該如何的重要問題。舉例來說：

1. 統一 7-ELEVEN 店裡的產品線組合應該如何，才能最具市場性及獲利性。

2. 統一企業消費品產品線組合，包括：茶飲料、速食麵、乳品、冰品、咖啡品、優酪乳、果汁……各種產品線及其組合，應該要如何規劃及其戰略方向又是如何？

產品線組合策略圖示

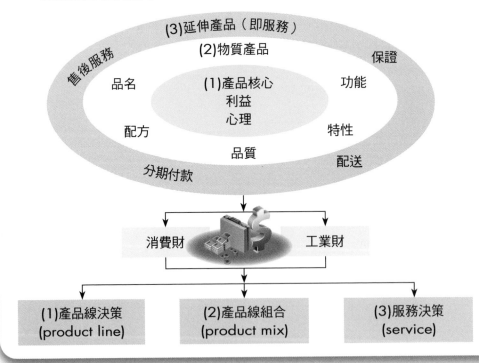

產品戰略——目標市場的設定

市場區隔

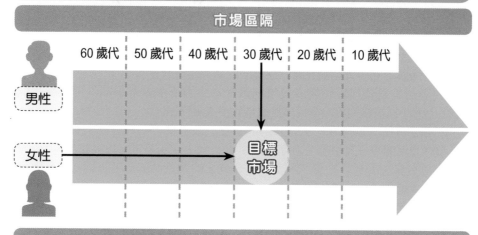

男性

女性

60 歲代 | 50 歲代 | 40 歲代 | 30 歲代 | 20 歲代 | 10 歲代

目標市場

品牌（產品）定位

【設計的高級感】

【功能豐富】 小

大

對手A

本公司

對手B

【功能豐富】 大

小

【設計的高級感】

產品戰略——定位的評估及開發

評估項目	內容	某化妝品為例
(1)目標市場何在 ↓	——	——
(2)競爭對手品牌目前狀況 ↓	——	——
(3)差異化點何在(USP) ↓	——	——
(4)商品屬性為何 ↓	——	——
(5)消費者利益所在 (consumer benefit)	——	——

（四）產品戰略之四：從制高點看待 PPM「產品組合戰略管理」矩陣

最後一個產品戰略要考量的是必須站在制高點，明確分析出公司現有的所有產品及品牌，它們究竟處在哪四種不同的狀況中，包括：

1. 哪些是對公司現在營收及獲利最大的主力產品，或稱為「金牛產品」(cash cow) 與搖錢樹產品？而這些又能撐多久呢？

2. 哪些是對公司未來一至三年內，可望成為接棒「明日之星」的產品線或產品項目？真的可以實現嗎？還要多久呢？

3. 哪些是對公司現在營收及獲利都是負面的及不利的「落水狗」產品呢？這些沉重負擔是否應該執行退場機制呢？何時應執行呢？

4. 哪些是對公司現在的營收及獲利無重大貢獻，但值得觀察、努力、改良、強化的「問題兒童產品」呢？是否可以逐步增強看到希望呢？何時可看到呢？

總結來說，公司投入在各產品線的資源有限且珍貴，必須做最佳的安排、配置及規劃，才能發揮最好的效益。因此，PPM 管理是非常重要的且具有相當的前瞻性及預判準備性。

現在	未來
1.金牛產品	**2.明日之星產品**
• 營收及獲利均最好，是公司支撐的產品！	• 目前已看到營收及獲利的成長潛力，是公司未來寄望所在！
3.落水狗產品	**4.問題兒童產品**
• 考慮、決心放棄已虧錢的產品！	• 試圖改善及挽救的產品！

PPM(product portfolio management)「產品組合戰略管理」矩陣

市場成長率 高 ← → 低

(3) 問題兒童產品

(2) 明日之星

(4) 落水狗產品

(1) 金牛產品
（搖錢樹）

低 ← 市占率 → 高

企業的行銷策略

(1) 力保及維持金牛產品
(2) 積極培育及投資明日之星產品
(3) 努力改善問題兒童產品
(4) 考慮放棄落水狗產品

產品戰略管理四大戰略面向

(1)如何做好：

・產品力內含的組合項目

(2)如何做好：

・產品的 S-T-P 架構分析

(3)如何做好：

・產品線組合結構

(4)如何做好：

・產品組合戰略管理矩陣（PPM）

4-7 產品包裝被重視原因及包裝策略

一、包裝被重視的原因

包裝設計近年來已經成為一項頗有潛力的行銷工具，主要有以下原因：

（一）自助服務普及 (self-service)

由於行銷通路的變革，使得超級市場、便利商店、量販中心等自助式選購物品的方式漸成主流，因此，為了吸引消費者的注意力與喜愛感，莫不在外觀及包裝上創新意，以求消費者之青睞。

（二）消費者的富裕與水準提高 (consumer affluence)

由於消費者的購買力不斷增強，對於高級的、可靠的、便利的、有價值感的包裝之產品，並不吝於購買。

（三）創新的機會表現 (innovation opportunity)

包裝材料、設計之創新，常可延長產品之壽命或創造新的銷售高峰，此種創新即可視為提高產品附加價值。

（四）公司及品牌形象的有利展現 (company and brand image)

美好的包裝能夠幫助消費者在瞬間認識公司的品牌，便利快速採購。

二、包裝的策略(package strategy)

包裝本身是良好的促銷工具，而良好的包裝更是行銷之利器，故包裝策略為企業產品設計相當重要的一環。其常採行之策略有如下數種：

（一）類似家族包裝

又稱家族包裝或產品線包裝，即在公司產品的包裝外型上採用相同之圖案、近似之色彩、共同的特徵，而使顧客易於聯想到是同一家廠商出品的。這種包裝有以下兩個優點：
1. 可節省包裝成本，增加公司的聲勢。
2. 可藉著公司已有之商譽，減低消費者對新產品的不信賴，而有助於新產品的擴大推銷。

（二）多種包裝 (multiple package)

係將數種有關聯的產品置於同一容器內，例如：家庭常備之「急救箱」。這種策略最有利於新產品之上市，將新產品與其他原有產品放在一塊，使消費者不知不覺中接受新觀念、新聯想，進而習慣新產品之使用。

（三）再使用包裝

又稱雙用途包裝(dual-use packaging)，乃待原來所包裝之產品使用完畢後，空容器可移作其他用途，例如：空瓶、空罐可用以改盛其他物品。這種包裝策略，一方面可討好消費者，一方面使印有商標之容器發揮廣告效果，引起重複之購買。

（四）附贈品包裝（最常見）

亦稱萬花筒式包裝(kaleidoscopic packaging)，係藉贈品吸引消費者購買，而且極易引起再度購買，所以，許多製造廠商都樂於採用，是現代重要包裝策略之一。例如：在兒童玩具、食用品市場最具效果。附贈品包裝方式花樣很多，例如：買大送小、買三送一、加贈20%數量，以及集一定數目的點數可兌換贈品等。

（五）改變包裝（changing the package）

產品改變包裝和產品創新同樣重要。當產品之銷售量減少或者欲擴張市場吸引新顧客，改變產品包裝常可再創高潮。

（六）小量包裝（常見）

消費者健康意識抬頭，食品廠推出分量少但價格高的產品。

知識維他命

　　消費者的健康意識抬頭，許多零食廠商推出熱量 100 大卡的小包裝食品大受歡迎，每年市場規模突破 200 億美元。消費者藉小包裝來控制口腹之欲，廠商也樂得發現產品分量變少，反而賺得更多。

　　糖果、餅乾、洋芋片、巧克力條等這些美國人愛吃的零食，現在都搶著推出小包裝。Pepperidge Farm 食品公司零食部門副總賽門認為，小包裝零食市場很容易再成長一倍，因為能幫消費者少吃一點，又很容易計算熱量。

　　Information Resources 市調公司發現，百大卡的小包裝零食去年銷售額增長 28%，而整體零食市場僅成長 3.5%，這顯示有些美國消費者的確受夠了特大包的食物。美國最大的連鎖餐廳之一 T.G.I. Friday's 已推出所謂的「適量適價」餐點，這種減量餐幫助 Friday's 異軍突起，在美國連鎖餐廳整體業績衰退時逆勢成長。

　　就概念而言，小包裝零食非常單純。廠商只需把現有產品改成小包裝，然後以原本的價格或是加價出售。而美國消費者似乎並不在意拿一樣的錢買較少的零嘴。食品市調集團 Hartman 的調查顯示，29% 美國人願意付較高的價錢買小包裝食品。

4-8 包裝的功能及包裝開發的戰略目的

一、包裝開發的八個戰略目的

包裝 (package) 在現代企業的經營及行銷功能上，已能發揮更有貢獻與價值性的戰略功能角色。根據企業實務上的經驗顯示，包裝可以朝向八個戰略性功能目的，包括：

1. 發揮對地球環境保護的考量並符合環保法規要求。例如：綠色包裝、減量包裝等。
2. 達成新的便利性包裝開發目的，方便消費者使用的便利性。
3. 達成在賣場吸引消費者與增加銷售效果的目的。
4. 達成配合整個外部物流 (logistics) 配送的考量目的。
5. 達成降低整個產品設計、製造及包裝成本之目的。
6. 創造出獨特性及差異化包裝的目的。
7. 達成商品整個呈現差異化感覺的目的。
8. 有助於產品識別 (CI) 建立與一致性的戰略目的。

二、包裝的基本功能

有國內外學者針對包裝的基本功能，提出如下的八點說明：

功能之一：創造品牌戰略。

功能之二：達成包裝戰略各種目的。

功能之三：具便利性。

功能之四：開發適用不同店頭賣場的包裝。

功能之五：創造出包裝價值 (value)。

功能之六：對特殊機能性包裝的開發創造。

功能之七：對產品品類化印象的打造。

功能之八：對包裝專業性的呈現，顯示出一定包裝質感與時尚感。

對包裝開發的八個戰略目的

① 對地球環境保護的考量及符合法規要求

② 新的便利性開發

③ 在賣場的銷售效果考量

⑧ CI 建立與統一

包裝戰略(package)

④ 物流考量

⑦ 商品的差異化

⑥ 差異化包裝打造

⑤ 成本下降考量

包裝的基本功能考量

(8) 專業性呈現出質感與時尚感

(1) 品牌戰略的創造

(7) 新產品的品類化印象打造

(2) 包裝的戰略目的

• 機能性
• 戰略性
• 便利性

(3) 便利性

(6) 機能包裝的開發

(4) 店頭包裝的開發

(5) 價值創造

包裝策略的原則及包裝創新

一、技術革新與專業包裝的七種創新

包裝已日益專業化 (professional)，並已成為產品戰略的重要表現之一環。包裝及設計一旦沒有特色、不夠吸引人及缺乏質感，那麼消費者就不會去拿取。而專業性包裝可以表現出如右圖所示的七種創新，包括：

1. 對包裝素材的創新。
2. 對內包品保護性的創新。
3. 對環保的創新。
4. 對新安全性的創新。
5. 對新便利性的創新。
6. 對新風格 (style) 的創新。
7. 對新感性知覺的創新。

二、包裝策略的四項原則

包裝發想固然有許多創意發揮的空間，但能有效傳達策略才是最終目的，千萬不要虛有其表與定位牛頭不對馬嘴，白白浪費了一個重要的溝通工具。為確保包裝策略的成功，必須同時考量以下幾個原則：

（一）**具有溝通定位的能力**：礙於包裝的空間、版面有限，千萬不要貪心地想同時傳達過多訊息。無論是圖案或文字，一定要簡潔有力、一目瞭然，務使溝通品名或定位等目標能確實達成。

（二）**有效傳遞品牌個性**：包裝是塑造品牌個性最好的媒介，針對 40 歲白領上班族所設計的商品，包裝應該呈現質感與穩重的調性；若賣的是生機產品，包裝設計應讓人有自然、健康的聯想。在包裝設計完成時，千萬別忘了再行確認包裝所帶給消費者的印象，是否與原先所要傳達的調性和訊息一致。

（三）**擁有強烈的品牌識別效果**：在設計包裝的過程中，經常被忽略的就是：沒有考量到產品包裝擺在貨架上時的差異性和顯眼度。有時候個別來看非常好的包裝，上了貨架卻顯得黯淡無光，無法捕捉消費者的目光。

產品一旦進入賣場就得和數十、甚至數百個競爭產品一爭高下，這時包裝具有差異性、架構色彩越突出，勝出的機會自然就大增。因此，除了策略傳遞與美感外，包裝是否具有強烈的識別效果可與競爭對手明顯區別，也同樣重要。

（四）**讓消費者買得輕鬆、用得便利與安心**：包裝使用的便利性，對消費者的使用率有正向的影響。因此，思考包裝策略除了圖案與顏色設計外，材質選擇及形狀設計是否符合實用原則也須一併考慮。空有好看的外觀卻難以使用，一樣無法留住消費者的心。

技術革新與專業包裝的七種創新

 ① 包裝素材
的創新

 ② 內包品保護性
的創新

 ③ 包裝與環境
相互作用

④ 新安全性
獲得

專業性包裝(professional package)

 **⑦** 新感性
知覺創造

⑥ 新風格
的創造

⑤ 新便利性
的實現

包裝策略四項原則

1. 具有溝通定位的能力

2. 有效傳遞品牌個性

3. 擁有強烈的品牌識別效果

4. 讓消費者買的便利、用的安心

4-10 產品服務的特性及方式內容

一、服務業 (service) 之四大特性

目前服務業在產品服務的特性上，可區分為以下特性，分別說明如下：

（一）無形的 (intangibility)

服務是無形的（亦稱不可觸及性）。例如：做美容手術的人在購買該服務之前，無法看到結果（不過還是有照片、模仿品可看到）。

（二）不可分割性 (inseparability)

一項服務和其來源是不可分的。例如：某種影片的女主角就應由某位影星來演最傳神，如果換了另一個人則可能會有些走味而不精彩了。

（三）容易變動性 (variability)

服務是高度可變的，因為它們可隨誰提供服務、何時、何地提供而有變化（亦稱品質差異性）。

（四）不易儲存的 (perishability)

服務是不太能儲存的。例如：高鐵、臺鐵、國內外航空飛機、臺北與高雄捷運必須依時刻表行駛，不會為某些人而延遲。

二、實務上常見的各種服務方式

目前，企業在各種服務機制上所提供的產品服務，大致包括了：

1. 客服中心 (call-center) 0800 之 12 小時／24 小時專線人員服務接聽或是網路回應 (web-center)。
2. 技術維修服務。
3. 免費安裝服務。
4. 免費一週鑑賞期可退貨。
5. 免收運費。
6. 免收退貨費。
7. 免費退換貨。
8. 保證使用多久期限及保固期多久。
9. 定期免費維修。
10. 專屬 VIP 祕書服務。
11. 專屬 VIP 貴賓室使用。
12. 免息 12 期、24 期分期付款服務。
13. 6 小時、12 小時、24 小時快速宅配送貨到家。
14. 一對一客製化服務。

服務業之服務四大特性

(1) 無形的

(2) 不可分割性的

(3) 容易變動的

(4) 不易儲存的

實務上常見各項服務提供

1.
客服專線服務

2.
免費
安裝服務

3.
免運費服務

6.
免息分期付款

5.
專屬 VIP
祕書服務

4.
保固期服務

7.
6 小時、24 小時
宅配到家

8.
一對一客
製化服務

9.
定期免費
維修

一、品名應具備之特質

公司開發出產品，準備在市場販售前，應先針對該項產品做命名，產品的名稱須具備以下特質：

（一）它應該能夠表現出給顧客帶來的好處。

例如：香雞漢堡、克蟑、伏冒、肌立、蠻牛、吉列牌刮鬍刀、滿漢大餐、速食麵、舒酸定牙膏、飛柔洗髮精等。

（二）它應該能夠表現出產品的品質，包括性能、色彩或造型上。

例如：御茶園、多拿滋甜甜圈、一匙靈、LV、GUCCI、CHANEL 等。

（三）它應該能夠很容易的發音、辨認和記憶。

例如：黑人牙膏、賓士轎車、花王、BMW、茶裏王、純喫茶、保肝丸、台灣大哥大、ASUS、LEXUS 汽車、ibon、iPad、iPhone 等。

（四）它應該具有若干的獨特性。

例如：可口可樂、保力達、左岸咖啡、蠻牛、貝納頌、多喝水、舒跑、林鳳營鮮奶、多芬洗髮乳等。

（五）品名宜在三個中文字以內，消費者較易記住。

二、品名（品牌）測試方法

公司可邀請員工及外部消費者提出幾個預備的品名，展開下列各種測試，包括：

（一）**偏好喜愛測試** (preference test)

測試哪一個名稱最受人喜愛。

（二）**記憶測試** (memory test)

測試哪一個名稱最讓人記憶深刻。

（三）**學習測試** (learning test)

測試哪一個名稱最好發音。

（四）**聯想測試** (association test)

測試看到某名牌後，會讓人聯想起什麼或回想些什麼事情。

（五）**總合測試** (summary test)

測試選擇哪一個是最理想、最優先的名稱。

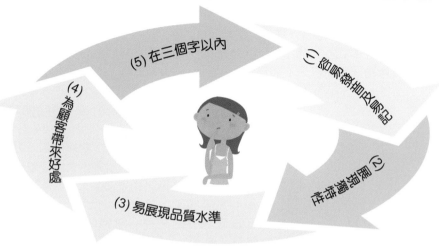

品牌名稱應具備五項特質

(5) 在三個字以內

(1) 如呼該品牌名

(4) 為顧客帶來好處

(2) 展現特點

(3) 易展現品質水準

品牌名稱測試方法

01 偏好／喜愛度測試

02 記憶度測試

03 學習測試

04 聯想測試

05 總合測試

4-12 產品品質的重要性（品質＝價值）

一、品質的重要性：品質＝價值，是產品核心點

產品「品質」(quality) 是一件非常重要的本質問題。若品質不佳，則消費者可能只會買一次而已，下次絕對會買別的品牌。因此，確保「一定」品質或「高」品質，是公司研發及生產製造單位必須全力以赴的事情。即使在服務業也是一樣，現場服務人員的「服務品質」，也關乎著對這家公司、對這間店的評價，以及是否會再光臨的因素。

我們可以看到很多國外名牌汽車、名牌皮包、名牌飯店、名牌服飾、名牌藥品等，都會有比較高檔的品質呈現，這就是一種「質感高」的優良口碑效果。

因此，我們可以説「品質」就是產品的核心點，也是產品力的根本來源。沒有好品質，就談不上優質及 powerful 的產品。

我們也可以説，品質代表著對消費者的一種「知覺價值」(perceived value) 或物超所值的價值，故「品質＝價值」。例如：我們買了一個 LV 高價手提包，雖然一個最少定價三、四萬元以上，但 LV 皮包的確很耐用，質感高加上又有名牌心理效應，因此，大部分女孩子都想買一個，因為 LV 皮包在消費者心中的知覺品質及知覺價值是很高的。

總之，品質是產品戰略重要的一環。

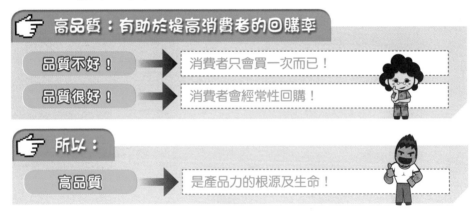

高品質：有助於提高消費者的回購率

| 品質不好！ | ➡ | 消費者只會買一次而已！ |
| 品質很好！ | ➡ | 消費者會經常性回購！ |

所以：

| 高品質 | ➡ | 是產品力的根源及生命！ |

二、高品質來源五大力

1. 技術研發力。
2. 設計力。
3. 採購（零組件）力。
4. 製造／生產力。
5. 市場（廠房）導向力。

製造業、科技業：產品品質來源六大因素

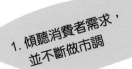

1. 傾聽消費者需求，並不斷做市調

2. R&D 技術研發能力強大

打造好品質

3. 工業設計、商業設計能力優良

6. 倉儲、儲運、物流水準優良

5. 製造工廠水準良好

4. 零組件、原物料採購品質等級高

打造高品質的四大經營面向分析

1. 老闆（領導人）的堅持

4. 公司政策與企業文化

打造高品質

2. 最先進的設備、儀器

3. 優良的人才團隊

高品質＝高價位＝高利潤

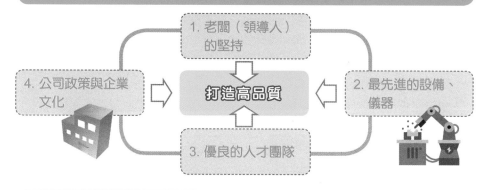

例如：　LV 精品　　Cartier　　賓士轎車

CHANEL　　HERMES 精品　　GUCCI

4-13　知覺品質的評量專案

一、知覺品質的評量項目

對一個產品「知覺品質」(perceived quality) 的評量項目，大致包括如下幾點：

（一）**功能表現 (performance)**：係指主要的產品操作特徵，消費者對於產品會有低功能、中功能、高功能、很高功能的評量。

（二）**特色 (features)**：係指次要的產品操作特徵，是一種輔助功能作用，消費者會有低特色、中特色、高特色、很高特色的評量。

（三）**一致性品質 (conformance quality)**：產品特性是否和產品說明書（產品標示）所標榜的性能一樣？是否有瑕疵之處？消費者對於是否具有一致性的品質，有低一致性、中一致性、高一致性、很高一致性的評量。

（四）**信賴 (reliability)**：係指每一次的購買，都能夠獲得一致性的功能，消費者會有低信賴、中信賴、高信賴、很高信賴的評量。

（五）**耐久性 (durability)**：係指物超所值的期待，消費者會有低耐久性、中耐久性、高耐久性、很高耐久性的評量。

（六）**服務性 (serviceability)**：係指服務是否便捷，消費者會有低服務性、中服務性、高服務性、很高服務性的評量。

（七）**風格及設計 (style & design)**：具高雅感受的外觀，消費者會有低設計性、中設計性、高設計性、很高設計性的評量。

消費者相信上述所列之產品品質的知覺，會影響他們對品牌的態度及行為。

二、有形與無形商品的品質因素

商品可以區分為有形商品與無形商品，無形商品就是指服務業的服務品質。茲列示有形商品與無形商品的重要品質如下：

（一）「有形商品」的品質因素

1. 可靠度。
2. 耐用性。
3. 所帶來的利益。
4. 機能性。
5. 外觀造型。
6. 包裝、標籤。

（二）「無形商品」的品質因素（服務）

1. 可靠度。
2. 反應性。
3. 保證。
4. 同理心。
5. 有形化。

產品品質是產品戰略重要的一環

8.
品質適合性

1.
特色

7.
信賴性

知覺品質

2.
性能

6.
耐久性

3.
員工能力

5.
服務的能力

4.
外觀、設計

知覺品質的意義
顧客對廠商所提供產品或服務的總體性品質的感受與認知。

知覺品質的開發方向
(1) 高品質提供　　　　　　　(2) 品質改善的長期努力
(3) 企業文化與員工的行動　　(4) 對顧客的回應
(5) 品質目標的設定及監測　　(6) 行銷與媒介溝通

知覺品質的評量項目

1.
質感

2.
功能

3.
特色

4.
信賴

5.
耐久性

6.
風格與設計

7.
外觀

一、產品生命週期圖示

產品生命週期（如右頁圖示）有以下五個階段。

1. 導入期：係指廠商推出新產品，初步進入市場銷售的階段。
2. 成長期：新產品在市場上進入快速銷售成長的階段。
3. 成熟期：新產品在市場上已達到銷售成熟、飽和的階段。
4. 衰退期：新產品在市場上的銷售已步入衰退的階段。
5. 再生期：廠商在市場上重新推出創新產品而再生、新生的階段。

二、廠商對 PLC 的戰略方向

（一）好好積極把握

積極把握成長期，才能營收與獲利均成長。

（二）好好延長、延伸

延長、延伸成熟期。

（三）好好避免

避免出現衰退期。

（四）努力創造

積極創造再生期。

（五）適當時機進入

於適當時機點進入導入期。

三、PLC 對廠商的影響

（一）導入期

營收少及獲利不佳可能會虧錢，需要養成市場（但少數突破性產品例外，例如：iPhone 及 iPad 剛出來時即賺錢）。

（二）成長期

營收快速成長，獲利水準也達最高。

（三）成熟飽和期

營收及獲利不再是高峰，只回到一般水準。

（四）衰退期

營收大幅衰退，並且可能開始虧錢了。

（五）再生期

營收開始回升，並且可能開始賺錢了。

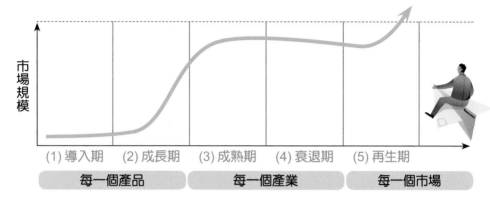

產品生命週期的五個階段(product life cycle, PLC)

市場規模

(1) 導入期　(2) 成長期　(3) 成熟期　(4) 衰退期　(5) 再生期

每一個產品　　　　每一個產業　　　　每一個市場

PLC與產品開發管理

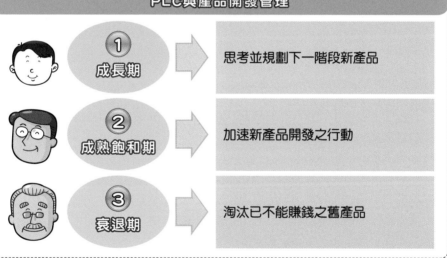

① 成長期 ▷ 思考並規劃下一階段新產品

② 成熟飽和期 ▷ 加速新產品開發之行動

③ 衰退期 ▷ 淘汰已不能賺錢之舊產品

如何確保產品PLC競爭力的三種做法

(1) 不斷的改良、精進產品內涵

(4) 領先產品的創新速度 PLC競爭力 (2) 提前洞悉市場與消費者變化趨勢

4-15 面對產品生命週期各期的行銷策略

一、面對導入期市場行銷策略

依據促銷程度與產品售價的高低不同，總共有兩種不同策略，企業必須考慮狀況不同而審慎採用適當策略。

（一）快速掠取策略（促銷程度高、產品售價高）

以大量促銷加速市場滲透率，並說服大眾購買具備高價格水準的產品。適用狀況如下：

1. 大部分人並不知道該產品的存在。
2. 知道該產品的消費者以高價擁有它。
3. 面對潛在產品競爭，企業要建立品牌偏好。

（二）快速滲透策略（促銷程度高、產品售價低）

此策略可最迅速獲取最大市場占有率，適用狀況是：

1. 市場非常大。
2. 市場不瞭解此種產品。
3. 購買者非常重視價格。
4. 潛在競爭激烈。

二、面對成長期市場行銷策略

1. 增加產品樣式，專注於改善產品品質特色、外觀及大小等。
2. 進入新的市場區隔。
3. 進入新的配銷通路。
4. 廣告策略由建立產品認知轉移至說服消費者購買。
5. 適時降價以吸引價格敏感者。

三、面對成熟、衰退階段 (decline stage) 行銷策略

1. 確定弱勢產品，並減少其投資。
2. 對於已絕對無望的產品，結束其產銷運作。
3. 將售價降低並打折出售，以收回現金周轉之用。
4. 增加各方面投資，以確保衰退再回復到正常水準。
5. 增加並強調產品的投資，以獲取第一市場占有率。

面對成熟市場行銷策略與行銷活動

行銷策略(strategy)	行銷活動(marketing action)
（一）擴大滲透率 將非使用者轉變成使用者	(1) 提升產品的價值，經由增加產品的特質、利益或服務。 (2) 提升產品價值，經由整合性系統的設計。 (3) 選定潛在目標區隔市場，並做大量廣告宣傳活動。 (4) 藉由開發創新配銷系統而改善產品可行性。 (5) 經由業務人員銷售努力，以開發新世代消費者。
（二）延伸使用 1. 增加現有使用者的使用頻率	(1) 經由提供額外附加包裝容量或設計。 (2) 鼓勵大容量採購，提供數量折扣誘因或促銷活動。 (3) 提醒在不同使用環境下之利益。
2. 鼓勵現有使用者較廣泛多元 的使用	(1) 發展產品線擴增，以做額外的使用。 (2) 開發及促進新的使用及應用。 (3) 與補充性產品搭配促銷。
（三）市場擴張	(1) 發展差異化品牌或產品線，以抓住不同的區隔目標群。 (2) 考慮私有品牌商品。 (3) 建立獨特配銷通路，以更有效觸及潛在客戶。 (4) 進入全球市場。 (5) 設計廣告、促銷活動及人員銷售活動，以擴增未被開發 的區隔市場。

不同生命週期的不同市場特徵及事業目標

	(1) 導入期	(2) 成長期	(3) 成熟期	(4) 衰退期
(1) 市場的特徵	・新品牌、新產品導入市場 ・少數試用者購入	・購物者層擴大 ・競爭品牌加入 ・市場成長	・購入者層安定、重購 ・競爭激烈 ・價格殺價激烈	・購入者層減少 ・市場縮小 ・替代品、升級品出現
(2) 事業目標	・對商品的認知	・市占率	・營收 ・獲利	・獲利
(3)基本戰略	・市場養成	・行銷資源大量投入 ・定位的確立 ・前三名品牌確保	・市占率維持 ・防止價格下滑 ・獲利確保	・市場努力再活化 ・撤退、縮減 ・新產品開發的準備

4-16 產品環保概述

一、企業面對環保戰略的類型

由於環境保護（環保）在世界各國已成為主流政策及法令規範，因此，企業界在既有產品及未來新開發產品方面，都必須有良好的因應對策（見右頁）。企業面對環保戰略從消極到積極狀況，有如下四種類型：

1. 遵守汙染防制法規。
2. 商品的部分再修正改良。
3. 超越法規以上的商品改良。
4. 整體與全面的改革及創新商品。

☞ **企業的環境保護戰略四種類型**

對環境因應的 主動積極	3. 超越法規以上的商品改良	4. 整體的改革與創新商品
對環境因應的 消極被動	1. 遵守汙染防制法規	2. 商品的部分再修正改良
	<成本增加>	<資源生產力提升>

二、環保產品 (Eco product)

因應全球環保日益嚴格的法令要求，很多汽車廠、電機廠、包裝廠、材料廠、電池廠、事務機器廠、家電廠、電腦廠等，均已展開積極的對應政策，以期符合環保法令的要求。這些廠商均思考如何在新產品設計及新包裝設計上，力求做到所謂環保產品的要求標準：

1. 省能源、省電力。
2. 低汙染。
3. 綠化產品。
4. 再生包裝。
5. 省資源耗用。
6. 零水銀。
7. 回收 DVD 再資源化。

TOYOTA（豐田）汽車因應產品環保的對策

＜成立環保的五個專責組織體制與人力編組＞

日本豐田公司環保應對的五個委員會

| 1. TOYOTA 環境委員會 | 2. TOYOTA 環境部 | 3. TOYOTA 商品環境委員會 | 4. TOYOTA 生產環境委員會 | 5. TOYOTA Recycle 委員會 |

TOYOTA汽車對環境保護的五點對策

豐田對環保的五大對策

1. 對降低二氧化碳 (CO_2) 的管理及開發
2. 對環境負荷物質的削減管理（包括鉛、水銀、橡塑……）
3. 對地球溫室效應的管理
4. 要求零組件供應商的環保要求
5. 對省電力、省能源的管理及開發

日本花王公司面對環保趨勢的因應對策

＜從環境‧經濟及社會三個面向，確保供應安全及安心的商品力＞

環境面
- 省能源
- 省資源
- 再生材料使用

經濟面
- 低成本（省成本化）（環保材料）
- 不過度包裝化及包裝減量

社會面
- 對消費者商品安全性確保

安全、安心的商品

評估思考「消費者價值」的七大特質

一、何謂「價值」？

市場交易的真正標的是「價值」，但「價值」為何物？瞭解「價值」的特質，才有可能創造出「價值」。據美國西北大學 Kellogg 管理學院教授 Mohanbir Sawhney 的分析，「價值」的定義是：「消費者於比較可供選擇的供給與價格後，其願意為擁有某一供給而支付成本去交換可得到的效益，而被給予的滿足感受。」

二、「消費者價值」的七大特質

國內行銷專家薛炳笙歸納出 Mohanbir Sawhney 所提出消費者價值的七項特質，說明如下：

（一）「價值」是由消費者界定

誠如管理學大師彼得・杜拉克 (Peter Drucker) 所言，消費者的購買，其所認知的「價值」絕不是產品本身，而是它的實用性，即它到底真能替消費者做什麼？消費者感覺它能替自己做的多，則「價值」在他眼裡就高，反之就低。

（二）「價值」是摸不清楚的

由於消費者通常並不瞭解他們購買的動機，更無法說清楚他們的需求，因此，產品或服務的供給者要摸清消費者認知的「價值」所在，就更為困難了。

（三）「價值」是與情境相關聯的

「價值」如同「美」都是一種主觀的認知，它展現在旁觀者的眼中及心中，而這認知的展現與終端使用者、終端使用者所處的實境及當時的大環境三種面向交互關聯，即消費者在做「價值」評估時，會以「我是誰？我要做什麼？我生活及工作所處的大環境是什麼？」來建構一衡量函式作為度量「價值」的大小。因此，由於消費者皆是不同的自我，追求的欲望之滿足感是不同的，自然而然地某一供給所給予的效益會有不同的「價值」評價。是故，「價值」具有顧客的獨特性 (customer-specific)。

（四）「價值」是多面向的

消費者在購買某項產品或服務時，不僅是考慮產品或服務的功能「價值」，他們也同時衡量擁有、使用及購買此產品或服務時的情緒「價值」，以及評估他們以時間和金錢交換來的經濟「價值」。

（五）「價值」是等價的交換

「價值」的前述定義僅隱含了消費者在購買時的支付成本，但此成本只是消費者持有某一產品或服務的其中一項成本而已。然持有某一產品或服務的「持有總成本」(total cost of ownership)，尚有諸如學習成本、維護成本、使用成本等。消費者通常於購買之際並未察覺到這些隱藏性的成本，但於擁有、使用過後才會有刻骨銘心之痛。因此，構建一精確的、等價的交換，供應商必須讓消費者

清楚地看到他們所獲得的效益與持有成本的全貌。

（六）「價值」是相對的

消費者總有一次最佳的選擇，作為他們「價值」評比的參考。因此，若對消費者決定購買的參考指標無所知，就會找錯競爭的對手。

（七）「價值」是一種信念

廠商所思、所為當以消費者為核心，而非以其產品為焦點；更應建立本身是為消費者的「價值」而存在的。廠商若以此種信念看待「價值」，則它對消費者的專注、對消費者「價值」的呈現及本身的成長策略，都將為之改觀。

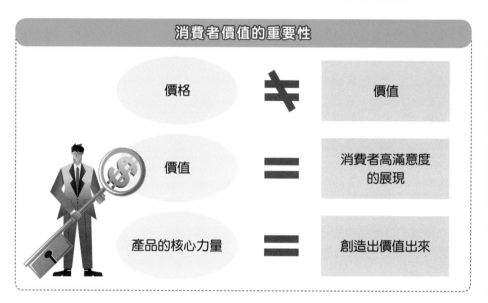

消費者價值的重要性

價格	≠	價值
價值	=	消費者高滿意度的展現
產品的核心力量	=	創造出價值出來

消費者價值的七項特質

1. 價值，是由消費者界定的
2. 價值，是不易摸清楚的
3. 價值，是與情境相關的
4. 價值，是多面向的
5. 價值，是等價的交換
6. 價值，是相對的
7. 價值，是一種信念

4-18 產品組合的意涵

一、意義

產品組合 (product mix) 亦稱為產品搭配，係指廠商提供給消費者所有產品線與產品項目之組合而言。例如：美國雅芳 (AVON) 公司的產品組合，係由以下主要三條產品線所組成，合計約有 1,300 項產品。

（一）**化妝品線**：包括脣膏、口紅、乳液、粉餅等。

（二）**家庭用品線。**

（三）**寶石裝飾品線。**

再如，統一企業的產品線包括速食麵、飲料、冰品、沙拉油、餅乾、健康食品、飼料、麵粉等。

二、寬度、長度、深度與一致性

對於一家廠商，我們可就其產品之寬度、長度、深度與一致性來討論產品組合之意義。

（一）**產品的寬度**

係指有多少種產品線的數目。

（二）**產品的長度**

係指每一種產品線中品牌的數目。

（三）**產品的深度**

係指每一項產品中的不同規格與包裝形式之數目。

例如：P&G 的洗髮精總共有五個品牌之多，包括海倫仙度絲、飛柔、采妍、潘婷、沙宣等。

（四）**產品的一致性**

係指產品線在最終用途、生產條件、分配通路及其他方面相關的程度。

三、在行銷上之涵義

以上所討論產品組合的四個構面，對行銷人員的涵義包括：

1. 可考慮擴大產品線之寬度，以開展更大的市場銷售額。

2. 可考慮增加產品線之長度，以使產品線漸趨完整，形成一個 full-line 的產品線。

3. 可考慮增加產品線之包裝、形式、規格、色彩，以加深其產品組合。

4. 可考慮再專業化或介入更多領域發展，此可由產品一致或多樣化而得。

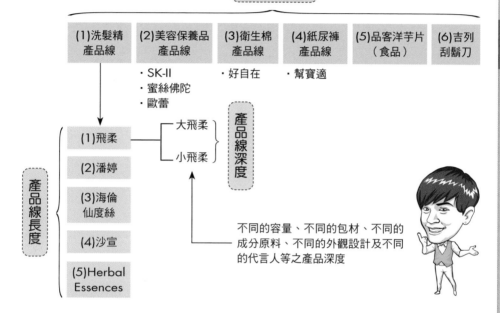

P&G的產品組合

產品線寬度

(1)洗髮精產品線	(2)美容保養品產品線	(3)衛生棉產品線	(4)紙尿褲產品線	(5)品客洋芋片（食品）	(6)吉列刮鬍刀
	・SK-II ・蜜絲佛陀 ・歐蕾	・好自在	・幫寶適		

產品線長度
- (1)飛柔 ── 大飛柔 / 小飛柔
- (2)潘婷
- (3)海倫仙度絲
- (4)沙宣
- (5)Herbal Essences

產品線深度

不同的容量、不同的包材、不同的成分原料、不同的外觀設計及不同的代言人等之產品深度

統一企業的產品組合

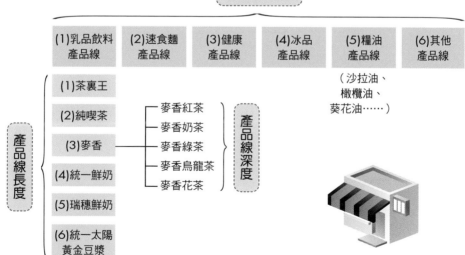

產品線寬度

(1)乳品飲料產品線	(2)速食麵產品線	(3)健康產品線	(4)冰品產品線	(5)糧油產品線	(6)其他產品線
				（沙拉油、橄欖油、葵花油……）	

產品線長度
- (1)茶裏王
- (2)純喫茶
- (3)麥香 ── 麥香紅茶 / 麥香奶茶 / 麥香綠茶 / 麥香烏龍茶 / 麥香花茶
- (4)統一鮮奶
- (5)瑞穗鮮奶
- (6)統一太陽黃金豆漿

產品線深度

Date _____/_____/_____

第五章

產品「品牌」的意涵與
品牌操作完整架構模式

一、品牌與代工的獲利比是 57:1

根據美國《商業周刊》在 2002 年度的一份全球前 100 大企業調查，在當年度共創造獲利額 2,280 億元。但這些公司在亞太地區的代工廠商獲利僅 40 億美元，兩者獲利率為 57:1，相當懸殊，顯示品牌與代工廠商在獲利效益上的失衡現象。

二、桂格創辦人斯圖亞特 (John Stuart) 的品牌經驗分享

・「如果企業要分產的話，我寧可取品牌、商標或是商譽，其他的廠房、大樓、產品，我都可以送給你。」(If this business were to be split up, I would take the brands, trademark, and good will.)

・廠房、大樓、產品，都可以在很短時間內建造起來或委外代工做起來，但是要塑造一個全球知名的、好形象的品牌或企業商譽，都必須花很久及花很多心力，才能打造出來，而且不能複製第二個同樣品牌。因此，品牌就像人的生命一般地緊密。

・無形的資產比有形的資產更為重要，更不易買到。

三、全球奧美集團執行長蘭澤女士 (Shelly Lazarus) 的品牌經驗分享

・品牌打造 (brand-building) 與做廣告不一樣。品牌是一個人感受一個品牌的所有經驗，包括產品包裝、通路便利性、媒體廣告、打電話到客服中心的經驗等之總合。如果有不好的經驗或不太滿意的情況出現時，就會對這家公司、這家店、這個品牌打了折扣或傳出壞口碑，或下次不再消費。

・必須以消費者的經驗（體驗）角度去檢視本身的品牌。要主動考察、訪視、感受消費者接觸各品牌的每一個可能點，去體驗品牌如何傳遞？品牌有哪個方面不足？

・所以，每一個與消費者接觸點的第一個「關鍵時刻」(moment of truth, MOT) 都非常重要，必須由高品質與高素質的服務人員去執行。

四、奧美廣告創始人大衛・奧格威 (David Ogilvy) 對品牌的觀點

・「品牌是個錯綜複雜的象徵，是品牌屬性、名稱、包裝、價格、聲譽、廣告等無形的總合，同時因消費者使用而有印象。」

宏碁施振榮董事長的「微笑曲線」(smile curve)

高　附加價值、利潤

高附加價值

- R&D（研發）
- 工業設計

- Google
- 液晶電視
- MP3/iPod
- 名牌精品
- 高級轎車（雙B/LEXUS）
- 精密醫療設備
- 自行車

（品牌的臺灣）
Brand in Taiwan

（製造的臺灣）
Made in Taiwan
低附加價值

- 品牌
- 通路

高附加價值

- 品牌（高品牌知名度、形象度、好感度）
- 通路（有通路，就有市場）

- 製造

- （低價值／臺灣NB代工毛利僅5~8%）
- 臺灣NB代工、手機代工、LCD TV、iPod、MP3、Monitor等代工
- DELL、HP、NOKIA、MOTO、SONY、TOSHIBA、APPLE、Panasonic等產品，大部分都是臺灣代工

低

價值創造活動

臺灣欠缺世界品牌的問題思考

(1) 臺灣 2,300 萬人的消費市場太小了；(2) 臺灣過去重製造、輕行銷；(3) 臺灣經濟發展歷史不夠長久；(4) 廠商短視近利，不願投資品牌；(5) 過去政府鼓勵不足，現在已有改善。

品牌的定義

| 品牌 | ≠ | 名稱 | ＋ | logo |

| 品牌 | ＝ | 消費者對某個產品所有感受的總合 |

建立品牌發展策略六步驟

1. 提出品牌價值主張

2. 全力實踐品牌價值的承諾

3. 持續溝通品牌價值，讓消費者一再體驗品牌承諾的價值

4. 營造企業內部共識，形成堅強的品牌文化

5. 創造成功傳奇，是最佳品牌魅力

6. 嚴格管理品牌識別的一致性

5-2 建立品牌發展策略 六項步驟

一、建立品牌發展策略的六項步驟

（一）提出品牌價值主張

- LV，一個 premium（超值）品牌。
- NOKIA，科技始終來自於人性。
- 可口可樂，擋不住的暢快。
- 海尼根，就是要海尼根。

（二）全力實踐品牌價值的承諾

要傾企業之力實踐，讓消費者一再經驗品牌承諾的價值。

（三）持續溝通品牌價值，進入消費者內心世界

每一次的接觸傳遞更合適的訊息，使消費者對品牌有更豐富的經驗。

（四）營造企業內部共識，形成堅強的品牌文化。

（五）創造成功傳奇，是最佳品牌魅力

- 做品牌三個層次，依序是：外顯、內涵及神話。
- 成功的故事最動人，也最能為品牌加分。

（六）嚴格管理品牌識別的一致性

所有品牌出現的時間及空間，其視覺表現與個性表現是否一致。

二、品牌是一項策略性資產

全球經濟已從工業經濟時代邁向知識經濟時代，品牌已被許多成功的企業視為重要的「策略性資產」(strategic asset)，是一項創造企業競爭優勢與長期獲利基礎的智慧資產。如何建立與維持顧客心中的理想品牌，讓品牌擁有很高的品牌價值或權益，是企業應該認真思考和用心投入的課題。理想品牌的建立與維持是一項「耗時」、「花錢」的工作，必須有良好的「規劃」和踏實的「執行」。

小博士的話

品牌價值主張的定義

奧美的創始人大衛・奧格威 (David Ogilvy) 在 1955 年這樣闡述品牌的定義：「品牌是一種錯綜複雜的象徵。他是品牌屬性、名稱、包裝、價格、歷史、聲譽、廣告等方式的無形總和。品牌同時也因消費者對其使用者的印象，以及自身的經驗而有所界定。」品牌不同於產品。產品是工廠生產的東西，品牌是消費者購買的東西。一個品牌的存在肯定有產品與之相應，而一個產品的存在就不一定有品牌與之對應了。例如百事可樂就從「新一代的選擇」到「暢想無極限」瓜分了許多青少年消費對象。面對競爭的白熱化，可口可樂提出「節日『倍』添歡樂」、「看足球，齊加油，喝可口可樂」、「每刻盡可樂，可口可樂」等廣告語。從中我們可以體察到可口可樂始終是以「歡樂」為其品牌核心價值，且符合人們要求快樂的心理。

品牌是一項策略性資產

品牌 = 是公司一項永恆資產

品牌 = 是策略性觀點，不是戰術性觀點

品牌 = 是可以計算價值的

所以，品牌是一項非常重要的、有價值的策略性資產！

品牌發展策略六步驟

1. 提出品牌價值主張

2. 全力實踐品牌承諾

3. 讓品牌進入消費者內心

6. 嚴格管理品牌識別一致性

5. 創造成功品牌傳奇

4. 形成品牌企業文化

品牌資產（權益）的意義

　　大衛・艾格 (David Aaker) 教授認為，明星品牌權益是一組和品牌、名稱、符號有關的資產，這組資產可能增加產品（或服務）所帶來的權益。品牌權益內容為何，就 David Aaker 在《管理品牌權益》(Managing Brand Equity) 一書中所提，其內容包括：

- 品牌忠誠度 (brand loyalty)。
- 品牌知名度 (brand awareness)。
- 知覺到的品質 (perceived quality)。
- 品牌聯想度 (brand associations)：想到 NIKE、想到星巴克、想到麥當勞、想到可口可樂、想到雀巢 (Nestle)、想到 SK-II、想到資生堂、想到馬英九、想到……，就跟他們的產品性質及特色有關聯。
- 其他專有資產。

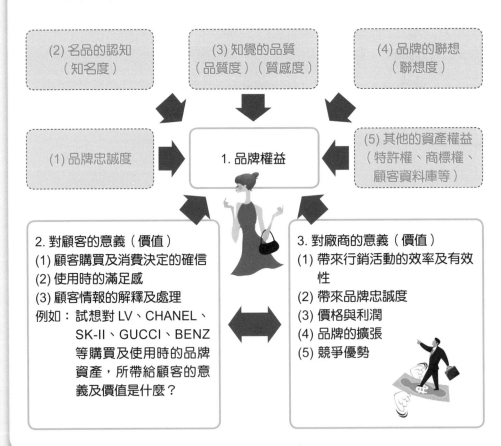

(2) 名品的認知（知名度）

(3) 知覺的品質（品質度）（質感度）

(4) 品牌的聯想（聯想度）

(1) 品牌忠誠度

1. 品牌權益

(5) 其他的資產權益（特許權、商標權、顧客資料庫等）

2. 對顧客的意義（價值）
(1) 顧客購買及消費決定的確信
(2) 使用時的滿足感
(3) 顧客情報的解釋及處理
例如：試想對 LV、CHANEL、SK-II、GUCCI、BENZ 等購買及使用時的品牌資產，所帶給顧客的意義及價值是什麼？

3. 對廠商的意義（價值）
(1) 帶來行銷活動的效率及有效性
(2) 帶來品牌忠誠度
(3) 價格與利潤
(4) 品牌的擴張
(5) 競爭優勢

品牌資產（品牌權益）的五項要素

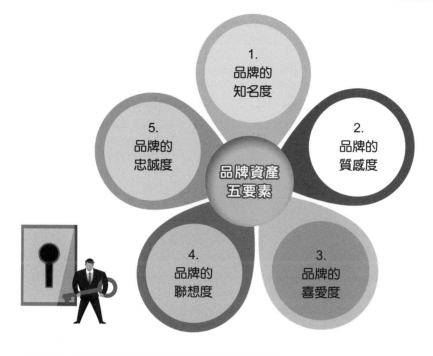

- **品牌資產五要素**
  - 1. 品牌的知名度
  - 2. 品牌的質感度
  - 3. 品牌的喜愛度
  - 4. 品牌的聯想度
  - 5. 品牌的忠誠度

品牌策略的分類

品牌策略的分類

1. 企業品牌／集團企業品牌 (corporate brand)

2. 事業部品牌 (business unit brand)

3. 家族單一品牌 (family brand)，例如：大同

4. 商品線（產品線）品牌 (product line brand)

5. 單一產品品牌（多品牌），例如：P&G 各種洗髮精品牌

6. 全國性品牌（製造商品牌）(national brand)

7. 零售商自有品牌 (private brand)，例如：家樂福、屈臣氏

8. 無品牌 (no-brand)，例如：無印良品

083

（一）以顧客為出發點

- 消費者洞察(consumer insight)
- 市場導向(market orientation)
- 顧客至上
- 顧客是唯一的考量點

（二）品牌經營理念與信念

1. 打造有品質、有價值的品牌商品
2. 產品力是一切行銷致勝的根源
3. 廣告主（即廠商）應扮演行銷策略的主要核心領導者
4. 應常保品牌的活躍性，不斷推進及改變品牌工程生命力
5. 改變是唯一的路，必須走在別人前面才能取得先機
6. 唯有建立品牌依賴度，才能打造品牌的長期價值
7. 品牌行銷應貫徹顧客導向的信念
8. 品牌經營應從價格轉換到價值的提升，才有長遠的未來
9. 面對各市場，品牌價值的鞏固及維繫是最重要的指標

（三）品牌經營政策、管理方針及行銷目標

1. 品牌應聚焦經營與深耕經營
2. 建立致勝的品牌行銷組織團隊戰力——R&D、行銷企劃及銷售三合一組織
3. 朝向第一品牌目標邁進
4. 品牌經營管理原則，應將獲利分享給員工
5. 品牌只是手段，透過品牌帶進客戶才是最終目標
6. 透過360°全方位整合行銷傳播操作
7. 每個階段都必須展開品牌年輕化工程

（四）

1. 對本品牌的商機及威脅做好因應對策分析及掌握
2. 對品牌經營環境、行銷環境及競爭者環境做深入

（五）品牌行銷策略、區隔市場及定位

1. 單一清晰的品牌訴求點
2. 品牌率先卡位成功
3. 對品牌感動、感性與認同成功
4. 切入成功的利基市場
5. 延伸既有品牌，透過包材變化及品牌提升，以提高產品定價
6. 鎖定目標市場或目標客層操作成功
7. 不同產品保有不同的區隔市場操作成功
8. 多品牌策略可以擴大客層
9. 商品獨特性及創新性，成為品牌競爭優勢
10. 當品牌定位已過時或不適當時，應加以重定位
11. 成功打造高價與動人的品牌產品
12. 品牌的情感(emotional)心理行銷崛起
13. 主副品牌交叉運用及組合
14. 打造出「服務品牌」
15. 打造出高忠誠度的「品牌迷」(fans)
16. 品牌應深耕主顧客，改變過去散彈打鳥的操作方式
17. 品牌行銷首應洞察目標顧客群

（六）品牌行銷組合 8P/1S/1C 與品牌元素設計操作計畫

1. 商品計畫
2. 定價計畫
3. 促銷計畫
4. 通路計畫
5. 廣告計畫
6. 公關活動計畫
7. 現場環境計畫
8. 人員銷售計畫
9. 流程改善計畫
10. 服務計畫
11. CRM計畫

12. 其他推廣計畫
   (1) 網路行銷
   (2) 代言人行銷
   (3) 旗艦店行銷
   (4) 異業合作行銷
   (5) 置入行銷
   (6) 體驗行銷
   (7) 主題行銷
   (8) 事件行銷
   (9) 直效行銷
   (10) 店頭行銷

13. 品牌元素設計
   (1) 品名
   (2) logo
   (3) 色系
   (4) 包裝
   (5) 商標
   (6) 音樂
   (7) slogan
   (8) 品牌個性
   (9) 代言人

（七）品牌傳播媒體組合操作計畫

1. 電視
2. 報紙
3. 雜誌
4. 戶外
5. 網路
6. 廣播

品牌行銷與管理的成功操作完整架構模式(part II)

（八）行銷支出預算

1. 媒體預算
2. 店頭行銷預算
3. 促銷預算
4. 贈品／樣品預算
5. 活動預算
6. 公關預算
7. 其他預算

（九）執行力

1. 內部組織與外部組織良好的整合、溝通、協調、討論、合作、分工及團結的執行動作
2. 優質的行銷人才團隊素質

（十）品牌行銷績效達成

1. 品牌營收績效
2. 品牌獲利績效
3. 品牌市占率與排名績效
4. 品牌知名度、喜愛度、信賴度及忠誠度
5. 品牌產品延伸績效
6. 品牌創新度

（十一）創造品牌價值

1. 品牌行銷成功
2. 品牌價值累積
3. 企業永續經營

END

打造品牌力的十四項來源

品牌力
(brand power)

1. 產品力

2. 廣告創意力

3. 通路力

4. 價格力

9. 媒體公關力

8. 人員銷售力

7. 促銷力

6. 企業形象力

5. 服務力

10. 活動舉辦力

11. 執行力

12. 行銷預算力

13. CRM 力

14. 正確理解力

品牌定位四要素

1. 品牌認同及主張
- 核心認同
- 關鍵主張

2. 有效性傳播
- 強化形象
- 傳播形象

品牌定位

3. 目標市場
- 主要市場
- 次要市場

4. 展現優勢
- 與消費者共鳴的優勢
- 與競爭者不同的優勢

品牌行銷成功方程式

品牌行銷
成功方程式

=

產品創新 + 廣宣創意 + 服務品質 +

適當行銷預算 + 正確理念

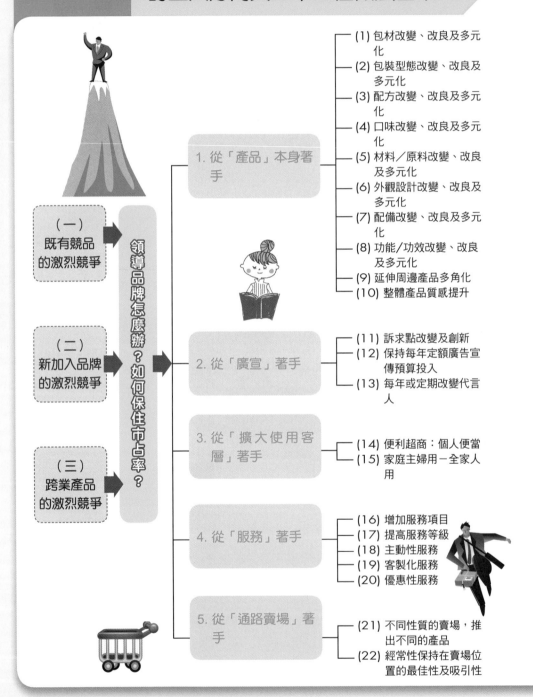

（一）
既有競品
的激烈競爭

（二）
新加入品牌
的激烈競爭

（三）
跨業產品
的激烈競爭

領導品牌怎麼辦？如何保住市占率？

1. 從「產品」本身著手
- (1) 包材改變、改良及多元化
- (2) 包裝型態改變、改良及多元化
- (3) 配方改變、改良及多元化
- (4) 口味改變、改良及多元化
- (5) 材料／原料改變、改良及多元化
- (6) 外觀設計改變、改良及多元化
- (7) 配備改變、改良及多元化
- (8) 功能/功效改變、改良及多元化
- (9) 延伸周邊產品多角化
- (10) 整體產品質感提升

2. 從「廣宣」著手
- (11) 訴求點改變及創新
- (12) 保持每年定額廣告宣傳預算投入
- (13) 每年或定期改變代言人

3. 從「擴大使用客層」著手
- (14) 便利超商：個人便當
- (15) 家庭主婦用－全家人用

4. 從「服務」著手
- (16) 增加服務項目
- (17) 提高服務等級
- (18) 主動性服務
- (19) 客製化服務
- (20) 優惠性服務

5. 從「通路賣場」著手
- (21) 不同性質的賣場，推出不同的產品
- (22) 經常性保持在賣場位置的最佳性及吸引性

品牌定位圖示法

意義 & 案例

意義：所謂品牌定位係指將本公司的品牌特性與競爭者的品牌特性相較，而將其定位於較有利的位置。

案例：皮飾、服飾。

一般設計、材料

高價
・FENDI　・LV
・CHANEL　・CD
・PRADA

低價

材質、設計、精緻手工、

品牌定位成功的四要件

1. 品牌認同價值主張。

2. 明確的目標市場及顧客層。

3. 積極與有效的傳播。

4. 優勢（強項）的展現，成為具有共鳴感的品牌。

全傳播品牌行銷溝通連續帶

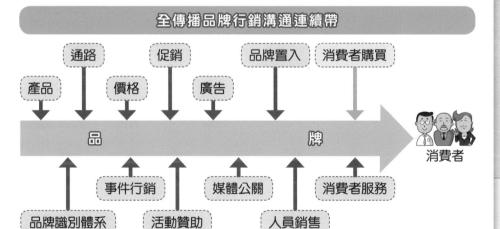

通路　　促銷　　品牌置入　消費者購買

產品　　價格　　廣告

品

牌

消費者

事件行銷　　媒體公關　　消費者服務

品牌識別體系　　活動贊助　　人員銷售

・品牌是行銷傳播工具的載具。

・行銷傳播工具則包括：廣告、事件行銷、活動贊助、公關、直效行銷、人員銷售及促銷等。

Date _____/_____/_____

第六章
產品線策略

產品線價格的延伸決策 (line-stretching decision)

（一）向下延伸 (downward stretch)

此係指公司原本在高價位市場，現在開始產銷中價位或低價位之產品。例如：美國 IBM 公司過去以來一直是從事大型電腦市場之經營，但現在也快速擴展小型個人電腦市場之開發。

再如，P&G 公司 SK-II 化妝保養品是高價位產品，但歐蕾產品是開架式的中低價位保養品，亦即高中低價位的保養品均要通吃。

公司採取產品線向下延伸之理由，主要為：

1. 公司過去經營良好的高品類（高價位）產品正受到激烈之競爭，可能不再如以往那樣獲利豐厚，因此，轉往低品類產品另開新的戰場經營。

2. 公司初期進入高品類市場，主要是先塑造一個良好品牌形象，有助往後推出之中低價位與品類之產品。

3. 高品類產品已步入成熟階段，成長將漸趨緩慢，未來已不再被看好。

採用產品線向下延伸策略的不利影響，包括：

1. 低品類產品可能會傷害到原先高品類之產品。

2. 經銷通路系統也可能不太願意促銷此種產品，主因是利潤微薄。

（二）向上延伸 (upward stretch)

原先產銷低品類之產品，也有機會向中高價位品類的產品發展。例如，TOYOTA 的 LEXUS 即為高價位汽車，有別於 CAMRY、CORONA、VIOS、ALTIS 等中低價位汽車。採取的主要理由是：

1. 可能受到高品類產品的可觀獲利率之誘惑而加入。

2. 可能希望成為一個完整產品線 (full product line) 之供應廠商。

但採此策略也會有一些潛在的風險：

1. 客戶不相信中低品類之廠商有能力生產高品類產品。

2. 公司的業務組織及通路組織成員，可能均尚未有充分的能力與準備進入此類市場。

3. 可能造成高品類廠商的反擊，而危及公司原有中低品類之市場。

（三）雙向式延伸 (two-way stretch)

公司價格策略定位若在中間範圍者，可同時向產品線的上下兩個方向伸展，如右頁圖所示。

產品線以價格為變數的上、下擴展策略

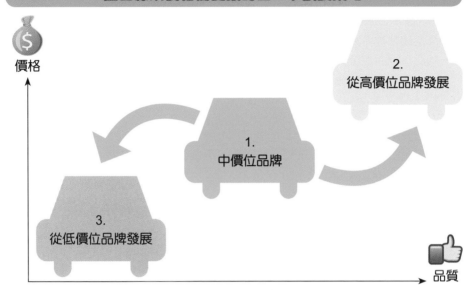

價格

2.
從高價位品牌發展

1.
中價位品牌

3.
從低價位品牌發展

品質

TOYOTA汽車通吃高、中、低三種價位市場

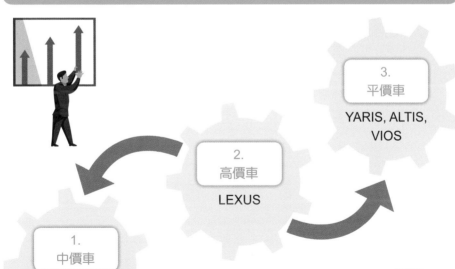

3.
平價車
YARIS, ALTIS,
VIOS

2.
高價車
LEXUS

1.
中價車
CAMRY, WISH,
CORONA

一、產品線發展策略的六大方向

就產品線而言,其可採行的策略可包括以下幾種:

(一)擴增產品組合策略

包括增加產品組合的廣度與深度在內,以達到完整產品線 (full product line) 之目標。

(二)縮減產品組合策略

此與前述恰好相反,對獲利不夠理想的產品予以裁縮,以有效利用行銷資源集中於主力產品上。

(三)高級化策略

此係增加產品線中較高層次的產品,以提升商品與品牌形象並建立產品長遠生命。

(四)平價化策略

此乃配合產品生命週期步入成熟期或衰退期時,所採行在產品價格上的降低策略。

(五)發展產品新用途策略

此即在不大幅影響現有市場與產品組合下發展產品的新用途,以增加新的目標市場或增加銷售量。

(六)副品牌策略

為發展某一個新市場或應付競爭對手的低價攻擊,因此可能推出一個不同價位定位的副品牌,以使與原有的主品牌作區隔,希望不影響到主品牌。

二、全產品線的三大競爭優勢

1. 可以搶占零售據點最多的產品陳列空間。
2. 可以滿足及搶占最多的各種消費族群。
3. 可以塑造最強的品牌優勢。

大型廠商產品線組合漸趨完整的五大原因

1.
為追求營收及獲利
的不斷成長

5.
為分散單一產品線
的可能商機

完整的產品線

2.
為滿足經銷商的
全產品線需求

4.
為滿足消費者對
不同產品線的需求

3.
為搶占各不同
產品線的市場商機

大、中、小型廠商不同的產品組合策略

大型廠商 →

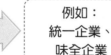
例如：
統一企業、
味全企業 →

採取：
全產品線組合
策略

中型廠商 →

例如：
黑松、維他露、
桂格 →

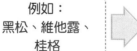
採取：
某品類產品線組合
策略

小型廠商 →

例如：
金蘭醬油 →

採取：
單一產品線組合
策略

6-3 產品線發展的策略性思考點

廠商進入另一個產品線策略的五大考量點

1. 考慮自家公司的資源及能力夠不夠？

2. 考慮此產品線未來有沒有成長性及潛力？

3. 考慮進入此產品線有把握成功的機率有多大？

4. 考慮進入另一產品線行銷致勝的策略何在？

5. 考慮若失敗時的風險承擔力夠不夠？

中小企業：資源有限的對策

中小企業 → 資源有限（人力、財力、物力） → 採取：專注單一產品線仍可獲利，只是較少些

追求成長：產品線組合策略的三部曲

首部曲
集中單一產品線經營
（1~15 年）

二部曲
逐步擴充為品類產品線經營
（15~30 年）

三部曲
大力邁向全方位產品線經營
（30 年～）

廠商產品線要因應市場的變化趨勢

1. 市場正在成長期時 ➡ 加速擴充產品線

2. 市場正在成長飽和期時 ➡ 不再擴充，穩紮穩打

3. 市場正在衰退期時 ➡ 減量經營，避免虧損

三種不同產品線盈虧的可能組合狀況

1. 很賺錢產品線 **+** 2. 有一點點賺錢產品線 **+** 3. 虧損的產品線

⬇ 力求鞏固

⬇ 想辦法如何賺多一些

⬇ 減少經營或退出

主力產品線全力鞏固、加強三大方向

1. 研發投入加強 ⬅

2. 行銷廣宣投入加強 ⬅ **主力產品線**

3. 業務人力投入加強 ⬅

新產品發展策略的思考構面

新產品發展策略可從兩個構面加以考量,茲舉例如下:

一、改進原有技術(或服務)與加強現有市場

例如:

1.《蘋果日報》以圖解式的編輯方式精簡文字。

2. 星巴克或丹堤咖啡連鎖店經營。

3. DHC 日式型錄,爭取化妝美容保養品市場。

4. 洗衣乳(或洗衣精)取代過去顆粒狀的洗衣粉。

二、加強現有市場與提出新技術或新服務

例如:

1. 空氣清淨機的推出。

2. P&G 公司除了洗髮精產品線外,推出擴大 SK-II 美容保養品線。

3. 液晶電視 (LCD TV) 推出,取代傳統電視機。

4. 銀行推出金卡升級為白金卡。

三、以新市場與改進原有技術或服務

例如:

1. 筆記型電腦 (NB) 推出。

2. 愛之味鮮採番茄汁帶動很多過去不喝番茄汁的人口。

3. 統一超商推出九種菜色,80 元的升級國民便當,希望擴大過去不吃國民便當的人口。

4. 中華電信 ADSL 業務為市場擴大延伸。

四、新市場及新技術(或新服務)

例如:

1. iPad, iPhone, Apple Watch 的推出。

2. 數位電視機上盒 (STB) 帶動數位頻道及隨選視訊市場。

3. 數位相機取代傳統相機。

4. 有線電視頻道開創出一個新市場。

5. 電視購物、網路購物、型錄購物等。

6. AI(人工智慧)。

7. IOT(物聯網)。

8. 無人車、無人機。

9. VR(虛擬實境)。

10. 機器人。

11. 4K、8K 電視機。

新產品發展策略九種類型（之一）

	（二）技術新的程度（服務新的程度）		
	1. 原有技術	2. 改進原有技術	3. 新技術
（一）市場新的程度　1. 現有市場		(1-2) 產品成本、品質及供應之配合	(1-3) 產品替換
2. 加強現有市場	(2-1) 增加推銷	(2-2) 產品改良、增加效用	(2-3) 產品線擴大
3. 新市場	(3-1) 新用途	(3-2) 市場擴大延伸	(3-3) 多角化

新產品發展策略的思考構面（之二）

1. 新技術突破構面

2. 新市場突破構面

3. 新顧客突破構面

4. 原有市場深耕構面

第七章
新產品開發管理綜述

7-1 新產品不斷發展的原因

新產品要發展的主要原因有以下五點：

一、市場需要

由於生活習慣改變與生活水準的提升，消費者對於便利、速度、安全、功能、價值、品質及價格等需求增加，以及價值觀念的轉移，以至於產生新產品及新服務需要。

下面舉一些例子說明市場需求如何冒出來：

1. 傳統隨身聽→ MP3、MP4、數位隨身聽。
2. 傳統電視機→液晶平面電視機→ 4K 高畫質電視機。
3. 百貨公司→大型、豪華購物中心 (shopping mall) → outlet 購物中心。
4. 一般平價商品→名牌精品。
5. 一般超市→頂級超市。
6. 一般書局→誠品大型旗艦店。
7. 桌上型電腦→筆記型電腦→平板電腦。
8. 2G 手機→ 3G 手機→ 4G 手機。

二、技術進步

由於新的原材料、原物料、新包材、新零組件、新技術突破、新設計及更好的生產製造方法等，使得廠商能夠提供更好的產品。例如：智慧型手機、小筆電、液晶電視機、平板電腦等新產品的出現，就是由於技術的進步所產生的。

三、競爭力量

如果沒有競爭，也許廠商會固守原有產品，而不會去理會市場需要改變或讓技術進步；但在競爭力量逼使下，不得不努力去謀求發展新產品，以保持或增加市場地位。

四、廠商自身追求營收成長及獲利成長

廠商為了追求營收額及獲利額不斷地成長，當然必須持續開發出新產品，才能帶動成長的要求。因為如果只賣既有產品，這些產品必然會面對競爭瓜分、面臨產品老化、面臨產品不夠新鮮而顧客減少等威脅。因此，廠商當然要不斷地研發新產品上市，才能保持成長的動能。

五、每個產品都受生命週期影響

基本上每個產品都會面臨成長期、成熟期及衰退期的影響，沒有一個產品是百年長青不墜的，因此必須推陳出新以為因應。

新產品不斷出現及發展五大原因

1. 市場需要、消費者需要

新產品發展五大要因

2. 技術突破與進步

3. 競爭力量的帶動

4. 廠商自身追求營收及獲利的成長

5. 每個產品都有它的生命週期

新產品不斷推陳出新的五大力量

推動新產品五大力量

| 1. 消費者 | 2. 競爭對手 | 3. 廠商自身 | 4. 產品自身 PLC | 5. 科技 |

 知識維他命

技術進步的例子

1. 磁片→光碟片→隨身碟。
2. 娛樂電影的動畫技術進步（魔戒、星際大戰、納尼亞傳奇、哈利波特等）。
3. 傳統購物→電視購物→網路購物→手機行動購物。
4. 傳統電視→數位電視→網路電視→手機電視。
5. 類比隨身聽→數位隨身聽。
6. 有線上網→無線上網。
7. 2G 手機→ 3G 手機→智慧型手機。
8. 桌上型電腦→筆記型電腦→平板電腦。

廠商除了面對前述新產品開發的五大基本原因外，很多研究顯示廠商也面臨下述五大外部環境的新動向及新趨勢，因而影響到新產品研究與開發的方向、內涵及做法。這五大新動向說明如下：

（一）**廠商面對嶄新及突破性新技術的出現**，包括寬頻、數位、無線、奈米、網際網路、IT 資訊、生物科技、生命醫學、液晶面板、微電子、人工智慧、機器人等。

（二）**廠商面對大競爭的時代**，是一個全球化、國內／國外大競爭的時代，給廠商帶來更大的壓力、威脅，以及可能的商機。

（三）**廠商面對以全世界市場為視野的寬廣市場為基礎**，而不再侷限自己的國內市場。

（四）**廠商面對國內經濟低成長**，例如：日本及臺灣，甚至全球各國等。在這種低成長環境下，對開發新產品及改良既有產品的評估及選擇也帶來影響。

（五）**廠商面對國內及國際標準環保要求的法令規定**，這對新產品的功能、品質、包裝、設計、材料等，也帶來一定程度的影響及因應對策。例如：對汽車業、化學品業、化工業、塑膠業、家電業、鋼鐵業、資訊電腦業、辦公事務機器業、原物料業、電鍍業、電機零組件業、包裝業等，都帶來一定的正面與負面的影響及新產品開發改變因應對策。

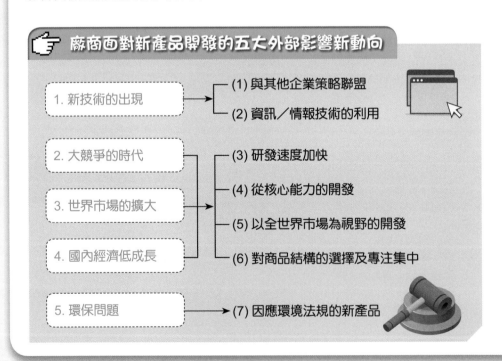

廠商面對新產品開發的五大外部影響新動向

1. 新技術的出現 → (1) 與其他企業策略聯盟
(2) 資訊／情報技術的利用

2. 大競爭的時代 → (3) 研發速度加快

3. 世界市場的擴大 → (4) 從核心能力的開發
(5) 以全世界市場為視野的開發

4. 國內經濟低成長 → (6) 對商品結構的選擇及專注集中

5. 環保問題 → (7) 因應環境法規的新產品

新產品開發面對五大外部影響力量

02 大競爭的時代

03 全球市場的擴大

01 新科技出現

04 國內經濟低成長

05 環境與環保問題

新科技帶動新產品的發展

1. 數位與無線科技

2. 寬頻科技

3. 網路／行動科技

4. IT 資訊科技

5. 生命／生醫科技

6. 半導體科技

7. 綠能科技

8. 物聯網科技

9. 國防科技

10. 人工智慧科技

新產品開發上市成功要因探索

根據日本一項針對 160 家企業研發主管的調查報告顯示,他們認為影響新產品開發成功的要因,可以歸納為如右頁圖所示的五大要因及十七項細節因素。這五大要因說明如下:

一、高階因素

高階主管 / 高層老闆的全力支持、強力推動、明智的決斷,以及目標達成的明確化等要因。

二、組織能力因素

公司與組織能力及資源夠不夠好、夠不夠強大的因素,這種組織能力與人員能力因素,包括了研發、商品開發、行銷、生產、設備等核心能力如何。

三、市調正確與精準的因素

是否能夠掌握目標顧客群的需求、偏好及心理等,這是需求面的本質問題,必須抓好本質內涵。

四、跨部門的充分與完美協力合作發揮要因

這指的不僅是新產品開發專案小組或專案委員會的部門及成員,更指全公司所有相關部門及人員的充分、完美、迅速的協力合作,發揮一種整體資源的戰鬥力量,包括:研發、技術、採購、生產、品管、製程、物流、倉儲、行銷企劃、銷售、服務、財會、人資、法務、智產權、專利、資訊 IT、行政總務、廣宣、公關、通路經銷商等全體部門的支援力量。

五、新產品上市後的有效管理要因

包括上市的強大行銷宣傳、通路商的全力配合、業務人員全力動員,以及上市後迅速檢討顧客的反應及業績狀況,而做因應調整。

1. 研發部　2. 設計部　3. 製造部
4. 品管部　　新品上市成功的跨部門合作單位　　5. 業務部
6. 行銷部　7. 財會部　8. 智產部

新產品開發成功要因（日本調查報告）

		百分比
1.高階因素	(1) 高階的支持、判斷力及決斷 (2) 長期的視野及強力的推動 (3) 目標設定的明確化	50.3% 44.6% 46.5%
2.能力因素	(1) 本公司自身的研發能力 (2) 開發小組的獨創性及協力合作 (3) 開發小組領導者的卓越 (4) 本公司的生產技術及設備的適合 (5) 本公司行銷能力的適合 (6) 行銷通路的強大	46.5% 36.4% 16.3% 35.2% 16.35% 24.53%
3.市調因素	(1) 對消費者需求的發掘及充分精準的市場調查	33.3%
4.協力合作	(1) 開發、生產、營業的共同合作 (2) 內部各單位的通力合作	23.9% 6.9%
5.上市後的管理	(1) 強力的宣傳及促銷活動 (2) 獨特的商品及商品差異化 (3) 品質優、信賴度高、成本合宜 (4) 產品的用途被放在正確位置上 (5) 產品上市加入的時間點恰當性	12.5% 56.6% 41.5% 15.7% 27.6%

資料來源：日經雜誌，2016年度。

新品開發上市成功五大類因素

3. 市調因素

2. 組織能力因素

4. 跨部門合作因素

新品
成功上市！

1. 高階因素

5. 上市前後有效管
理因素

新產品開發上市失敗的原因

根據國內外很多實證研究顯示，新產品發展的成功比例通常並不高，只有10~20%，而80%都是失敗的。研究其失敗原因，大概有以下幾點：

1. 由於市場調查、分析與預估錯誤。
2. 由於產品本身的缺失，無法做到預期的完滿。
3. 成本預估錯誤。
4. 未能把握適當的上市時機（季節性、流行性，或是還不到成熟時機）。
5. 行銷通路未能做到及時與有力之配合。
6. 由於市場競爭過於激烈，生存空間漸失。
7. 由於行銷推廣預算支出之配合程度不足，導致產品知名度未能打開。

根據國內中小企業創業顧問楊鳳美的研究及經驗，她提出下列新產品失敗的十三個原因，如下：

1. 老闆或高階主管一意孤行、不顧反對，尤其忽略來自行銷面的訊息時。
2. 對於市場規模估計過於樂觀。
3. 市場定位錯誤。
4. 行銷手法粗糙、定價過高、宣傳不足。
5. 投入過多研發費用，而商品短時間內無法回收，使得經營困難、資金短缺、周轉不靈。
6. 遭逢競爭對手強力反擊，競爭對手也投入相同商品研發或替代商品時。
7. 商品缺乏創意。例如：清潔劑類，除了香味與包裝、規格外，效能通常差異不大，而大多同類商品，外觀與功能都很相似。
8. 市場過於競爭導致分散。
9. 社會與政府的限制。推出的新產品必須符合消費者保護法規，還有該類商品應遵守的相關法規要求，這些法令的約束明顯地讓業者研發成本增加及降慢速度。
10. 研發費用過高。許多高科技商品動輒投入上千萬、甚至數億元以上的研發成本，加上行銷費用耗資甚鉅。
11. 資金短缺。徒有創意卻無足夠資金生產，尤其許多生物科技業最常遭遇，此時除非能有金主投資，否則就只能出售研發成果或是讓美夢幻滅。
12. 研發時間縮短。當同業有相同創意出現時，只有搶先上市才能有最佳利潤。像日本「SONY」與韓國「LG」在研發商品時，會考量同業的研發與生產條件，而將目標定得比對手快且品質更好的策略。
13. 商品生命週期縮短。韓國「LG」為比同業更快攻下市場，在冰箱的研發與製造上將時間縮短，平均一年就逐步汰換掉三分之一的商品款式。

新產品研發及上市失敗原因

新產品研發及上市失敗原因

1. 高階未全力支持及關心
2. 專案小組及領導人能力不足、權力不足、支援不足
3. 公司研發技術核心能力不足
4. 公司行銷核心能力不足
5. 公司開發、生產、業務、企劃合作協力不足
6. 市調不足
7. 定價不當
8. 產品缺乏特色及差異化
9. 產品品質不穩定
10. 產品口味、設計、包裝、功能、材料、質感等未能滿足消費者
11. 產品通路鋪貨不夠廣泛
12. 目標客層選擇不對
13. 產品定位不夠清楚

新品上市失敗五大因素

1.
組織因素

5.
消費者因素

新品上市失敗

2.
市場因素

4.
競爭對手因素

3.
行銷因素

7-5 新產品開發的組織單位

一、產品開發的組織單位

一般來說，新產品開發的組織單位可能有下列五種狀況：

1. 各事業部所屬研發單位負責。
2. 全公司直屬的中央研發單位負責。
3. 商品開發部負責。
4. 成立跨部門的新產品開發「專案小組」(project team) 負責。
5. 成立矩陣組織小組負責。

二、日本花王公司研究開發組織單位

如右頁圖所示，日本花王公司有一個非常強大與完整的專業研究開發組織架構及分工功能。該公司將研發區分為兩個區塊：

第一，商品開發研究領域，又分為六個研究所。

第二，基礎研究開發領域，又分為六個研究所。

合計有十二個研究單位專責不同事情，計有約 2,000 人的編制組織。

三、統一企業中央研究所四大任務

（一）新產品開發

透過配方設計與調味技術，開發出消費者喜愛之商品。同時利用添加物之資訊掌握及應用技術，開發出具差異化、獨特性、競爭力之商品。

（二）新技術開發

中央研究所持續創新研發食品科技，賦予產品競爭力保證。例如：建立非油炸速食麵配方製程、建立生乳危害因子監控與源頭管理、掌控穩定乳源品質、建立茶飲料上游製程技術及原料農藥殘留管理技術，掌握關鍵技術以保持持續領先。

（三）品質提升及改善

在產品保健功能及品質提升相關研發上，如建立低溫除菌技術保留鮮乳營養、開發免疫力提升菌種之 LP33 發酵乳、單細胞萃取技術保留茶葉的風味及成分。在分析研究上，建立危害因子與營養成分檢測技術，架構原物料安全之防護網，確保產品營養及安全。

（四）掌握原料科技技術及降低產品成本

中央研究所在原料成本控管上，以技術觀點制定原料品質規格，並建立各種原料第二供應商品質認證，破除價格聯合壟斷、擴大採購議價空間，進而降低公司營運成本。

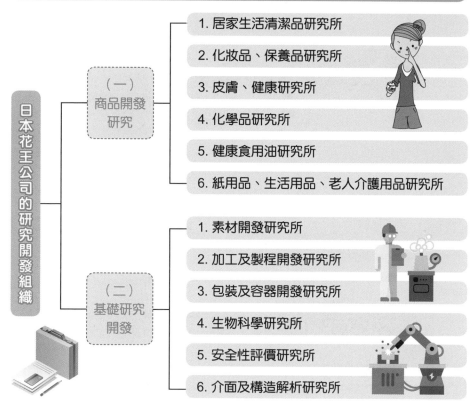

日本花王公司的研究開發組織

日本花王公司的研究開發組織

（一）商品開發研究

1. 居家生活清潔品研究所
2. 化妝品、保養品研究所
3. 皮膚、健康研究所
4. 化學品研究所
5. 健康食用油研究所
6. 紙用品、生活用品、老人介護用品研究所

（二）基礎研究開發

1. 素材開發研究所
2. 加工及製程開發研究所
3. 包裝及容器開發研究所
4. 生物科學研究所
5. 安全性評價研究所
6. 介面及構造解析研究所

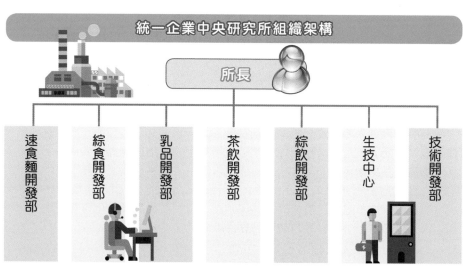

統一企業中央研究所組織架構

所長

速食麵開發部

綜食開發部

乳品開發部

茶飲開發部

綜飲開發部

生技中心

技術開發部

新產品開發研究的完整思維體系架構及內涵分析

從一個完整思維體系架構觀點來看待一個企業在新產品開發研究的成功推展，應該考量到更完整的面向與工作事項，這包括下述各項重點：

一、從戰略面向來看，包括思考到：

1. 本公司競爭戰略方向的研究及評估，以及因而朝向哪些關鍵優先的新商品開發專案為何？

2. 應仔細思考我們的主力競爭對手是誰？我們的主力競爭產品為何？

3. 應正確評估我們現在及未來應在哪些市場爭戰？在哪些市場投入最大的資源以獲利？

4. 應正確做出計畫，將來如何才能成功爭戰？包括產品開發策略、廣告策略、促銷策略、新市場創造策略等。

二、在確立上述公司經營戰略層面思考後，還要著手下列七件事項的思考、分析、調查、明確化及評估工作，包括：

1. 我們應進入何種「品類」(category) 的綜合性調查及評估，以及思考為何是這樣的品類抉擇？

2. 我們應該與主力競爭對手做全面性及品類性的競爭力比較或競爭優劣性比較分析，才知道敵我的態勢及優劣點所在，然後知所進退或應加強的重點何在？

3. 我們應該確定及創造出到底當前及下一階段的研發主題 (R&D topic) 及產品開發主題何在？這些主題必須是在上述品類發展調查之後接著要做決定的。

4. 我們應該成立以專責、專人、專門單位的全職方式，成立專案開發小組或專案開發委員會。這個組織必然是調集各部門好手或招聘有經驗新手加入，必須確保此小組是強而有力的工作任務團隊。

5. 我們應該創造出可能的新品類，如此才可能創造出更有潛力的新市場。舉例來說，現在的液晶電視機、iPhone 手機等，在一、二十年前都是尚未出現的新品類產品及新市場，但如今都成了大市場。

6. 我們應深入檢討及分析本公司在此品類市場、此研發技術、此產品、此製造設備等方面上，是否具備相等或超越競爭對手的實力與能力？如果綜合能力不足，那麼新產品開發及上市也無法勝過競爭對手，必然無法上市獲勝。

7. 我們應針對這樣新產品的概念化 (conceptionalization) 展開研究、分析、調查可行性、評估及最後的抉擇與判斷，以利將產品概念化落實成為「可行銷」、「可市場化」的有潛力新產品之目標。

三、在第三階段的執行力方面，我們還應注意到幾件事情，包括：

　　1.如何做好這個新產品的包裝、命名及設計要求。

　　2.如何突破此研發技術。

　　3.如何行銷及打造出一個新產品的好品牌知名度。

　　4.如何展開試製品的測試工作，以確保它的完美性。

　　上述這些都圍繞在新產品、新品類、新技術的基本概念主軸，而做「一致性」的推動及計畫。

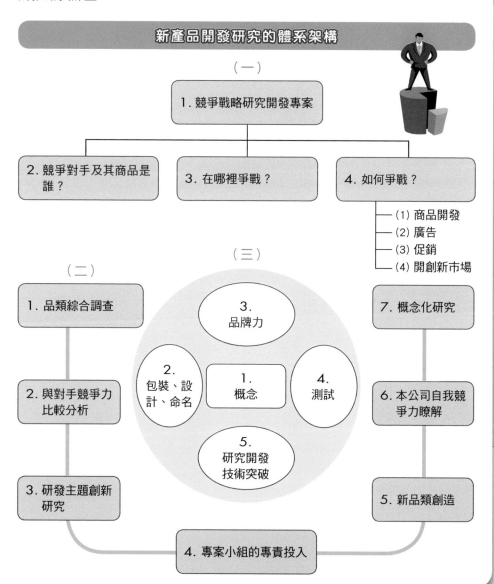

新產品開發研究的體系架構

（一）

1. 競爭戰略研究開發專案

2. 競爭對手及其商品是誰？

3. 在哪裡爭戰？

4. 如何爭戰？
　── (1) 商品開發
　── (2) 廣告
　── (3) 促銷
　── (4) 開創新市場

（二）

1. 品類綜合調查

2. 與對手競爭力比較分析

3. 研發主題創新研究

（三）

3. 品牌力

2. 包裝、設計、命名

1. 概念

4. 測試

5. 研究開發技術突破

7. 概念化研究

6. 本公司自我競爭力瞭解

5. 新品類創造

4. 專案小組的專責投入

一、創造「商品概念」及新產品「構想形成」的整體流程

　　對於如何創造新產品概念及新產品構想形成的整體流程，如右頁圖所示有七個過程，包括：

　　1-1. 公司對未來環境變化的洞察及分析。

　　1-2. 公司對此產業、跨產業或社會變遷的評估及洞察。

　　2. 公司對顧客未來潛在需求的預判及感受。

　　2-1. 公司的經營戰略及技術戰略如何應對及選擇。

　　2-2. 公司應有詳實的市調及消費者調查。

　　3. 公司蒐集各種新產品創意 (idea)。

　　4. 公司對這些新產品創意的多場次、多部門的互動辯證、討論及確定。

　　5. 公司對此創意性商品與技術的概念化形成與通過其可行性，以及確立了開發的基本目標何在。

　　6. 進入研發 (R&D) 技術部門的細節執行層面工作及進度追蹤。

　　7. 完成試製品測試，經過修正調整後正式進入量產製造以及安排準備上市行銷。

二、從 R&D（研發）到事業化（商業化）落實的流程

　　如右頁圖所示，一個新產品、新事業、新服務，從 R&D（研發）到可事業化及可市場化，其大致有八個邏輯化流程，如下：

　　1. 公司確立商品及事業的構想為何。

　　2. 公司對基礎技術及商品技術的活用施展。

　　3. 公司對關鍵要素、零組件技術的研發完成。

　　4. 公司對新產品開發及設計完成。

　　5. 公司對製造新產品完成。

　　6. 公司對新產品行銷及銷售完成。

　　7. 公司經由市場及客戶情報反應，回到商品企劃及技術企劃上。

　　8. 公司對未來的市場與技術發展及趨勢的研判及評估。

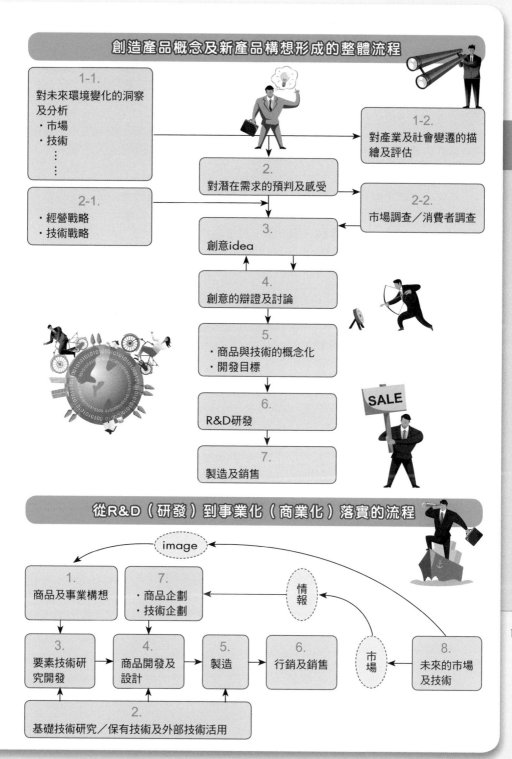

創造產品概念及新產品構想形成的整體流程

1-1.
對未來環境變化的洞察及分析
・市場
・技術
．
．
．

1-2.
對產業及社會變遷的描繪及評估

2.
對潛在需求的預判及感受

2-1.
・經營戰略
・技術戰略

2-2.
市場調查／消費者調查

3.
創意idea

4.
創意的辯證及討論

5.
・商品與技術的概念化
・開發目標

6.
R&D研發

7.
製造及銷售

從R&D（研發）到事業化（商業化）落實的流程

image

1.
商品及事業構想

7.
・商品企劃
・技術企劃

情報

市場

3.
要素技術研究開發

4.
商品開發及設計

5.
製造

6.
行銷及銷售

8.
未來的市場及技術

2.
基礎技術研究／保有技術及外部技術活用

新產品發展程序

一項新產品從無到形成的發展程序裡，大致可劃分為以下幾個步驟：

一、觀念發掘階段

新產品的產生，最開始可能是一個模糊的觀念。而這些產品觀念的來源可能來自業務人員、經銷商、消費者，或是公司的行銷企劃人員或研究人員等。

二、觀念選擇階段

當然，並非所有的產品觀念都具有上市的可能性與必要性。因此，必須針對所提出之產品觀念進行初步的篩選，然後再進行分析，最後確定一個新產品目標。其細密分析應該依市場面、技術面、資金需求面、獲利面、人才面等五大方面進行評估與預測。

三、企業經營計畫階段

此階段應就產品觀念進行明確的計畫研訂，包括：
1. 產品的功能應有哪些？
2. 成本的結構與評估。
3. 市場需求量。
4. 行銷推廣的計畫與預算。
5. 資金需求的預算。
6. 行銷組織的編制。
7. 產品的售價。
8. 產品的行銷通路。
9. 產品的設備與製程能力的建立。
10. 考評督導小組旳成立。

四、產品工程設計與模型階段

新產品觀念經認定可行後，即需進行藍圖設計、模型裝配、色彩式樣及功能測試等工作。然後將一個完成品再做研究、調查、分析、評估及改善，最終才完全定案，並進行小量的測試。

五、試銷

試驗性的量產可先交給通路成員及部分客戶試用看看，以決定是否有需改善的餘地。

六、全面上市

經試銷之結果證明具有市場潛力時，可安排在適當時機並有良好推廣計畫配合下，全面推出市場。

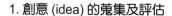

新品發展流程步驟

1. 創意 (idea) 的蒐集及評估

2. 商品概念的初步形成

3. 行銷 S-T-P 架構與戰略的分析

4. 經濟性／效益性／損益分析／可行性分析

5. 試作品（樣品）完成

6. 測試行銷 (test marketing) 內外部市調及改善精進

7. 行銷 4P 策略準備及全面上市（或部分地區上市）銷售

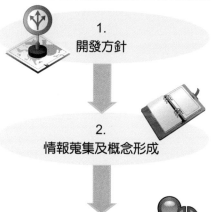

新產品開發的流程模式──技術密集的商品（日本160家企業調查報告）

1.
開發方針

2.
情報蒐集及概念形成

3.
試作及測試

4.
行銷上市

(1) 目標設定及機會發現

(2) 專案小組

(3) 情報蒐集
(4) 商品概念

(5) 關鍵零組件及系統化研究
(6) 全體功能的實驗
(7) 原型機種的生產
(8) 功能、成本、設計的可能性評估
(9) 生產方法的改善
(10) 大量生產方式的設計

(11) 上市行銷
(12) 上市後檢討改善

一、創意發想的動機及著眼思考點

新產品創意發想的動機及著眼點，如果從大的方向來看的話，應該從以下所列示的幾點去思考及分析：

1. 本公司、本事業部門及本品牌單位現在及未來經營課題何在？這是一個基本方針的思維核心點。

2. 本公司對外部市場及消費者生活環境的變化有何詮釋、分析、評估？

3. 本公司對整個技術革新與技術創新的動向有何掌握及預測？

4. 本公司對未來開發的新產品或新服務有何觀察及洞見？為何有此種洞見？這些洞見是正確無誤的嗎？

5. 本公司對未來新產品、新服務的形式、樣態、內涵、呈現、視覺、功能及目標、目的等，有何嶄新的發想？有何願望？有何夢想？這些發想、願望、夢想，足以呼應及滿足上述 1.~4. 項的變化及洞見嗎？

6. 最後，基於上述一連串縝密的分析、問題、討論、辯證、情報、調查、研判及抉擇，然後得出對未來本公司、本事業部新產品、新創意產生的根本方針與原則。

二、新產品開發創意來源

新產品開發的創意來源，其實是可以很多元化與多角化的。最笨的公司，其產品創意只依賴自己的研發部門或商品開發部門的有限人力，這樣是不足的。

卓越企業的新產品開發源源不斷，主要是仰賴了多元化、豐富化的來源。右頁圖即詳實列示了多元化產品創意的來源，供公司選擇評估之用。

三、產品創意來源的架構體系圖示

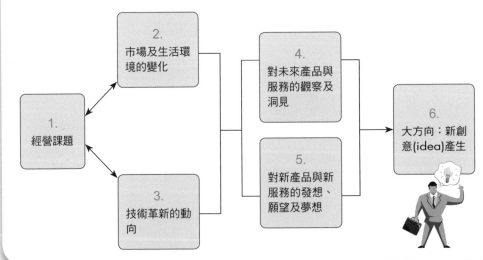

新產品開發創意來源

創意

1. 商品開發部門
2. 研發技術部門
3. 員工全員提案
4. 顧客、會員提案
5. 內部動腦會議
6. 外部顧問、專業機構
7. 第一線銷售人員及服務人員
8. 老闆提供
9. 外部競賽得獎的創意
10. 國外先進企業參訪及參展心得

需求來源

1. 政府刊物
2. 同業刊物
3. 書報雜誌
4. 通路商意見與調查
5. 消費者民調
6. 供應商意見與調查
7. 產業深入調查
8. 學者專家意見
9. 營業部意見與經驗
10. 消費者、網友及會員意見
11. 技術的長期預測報告

成功案例

1. 國外成功案例
2. 競爭對手成功案例
3. 他業種成功案例
4. 國外參展所見所聞

一般來說，經常使用 COM 法（concept oriented merchandising, 概念導向商品化），即是以商品概念化的九個焦點來看待如何商品化計畫。這九個商品概念化焦點如下所述，包括了：

一、商品觀

1. 商品帶來「感覺」的效用如何？
2. 商品帶來「意義」的效用如何？
3. 商品帶來「實質」的效用如何？

換言之，此新產品、新概念，是否為目標顧客群帶來使用後的好感覺、好意義、好實質的三好效用？是很好、還算好或平凡的效用？

二、顧客觀

1. 顧客的生理系統反應如何？
2. 顧客的心理感覺系統反應如何？
3. 顧客的購買及消費的意義系統反應如何？

三、環境系統觀

1. 此產品使用的時間為何？
2. 此產品使用的場合為何？
3. 此產品使用的方法為何？

上述就是從三大面向與九個焦點去分析、評價、判斷及抉擇這樣的商品概念化，是否具有進一步「商品化」市場行銷上市的可能性及可行性。如果通不過這些檢測，亦即代表著這些產品創意或產品構想對消費者而言是沒有價值的或價值低的，或與現有產品比較並無超越非凡之處。因此，開發上市的成功率就很低，也是不值得列入優先開發上市的對象。

四、從五個重點探索新產品「概念」

另外，也有很多國內外學者專家指出，可以從下述五點去探索產品的「概念」是什麼，以及是否成形？成形為什麼？這五個探索新產品「概念」的重點包括：

1. 可從商品的「目標市場」(target market) 來探索新產品概念。
2. 可從商品的「實質效用／功能」(substantial function) 來探索新產品概念。
3. 可從商品的「感覺效用」(feeling effect) 來探索新產品概念。
4. 可從商品的「意義效用」(meaningful effect) 來探索新產品概念。
5. 可從商品的「核心利益、正常功能及外圍功能」來探索新產品概念。

以消費者價值為導向的商品化計畫──COM法

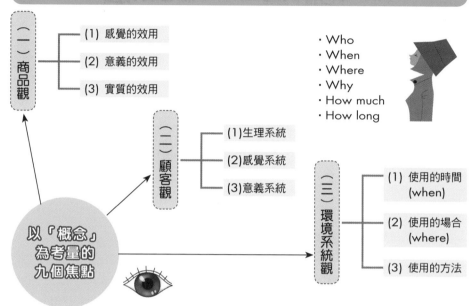

（一）商品觀
- (1) 感覺的效用
- (2) 意義的效用
- (3) 實質的效用

- Who
- When
- Where
- Why
- How much
- How long

（二）顧客觀
- (1)生理系統
- (2)感覺系統
- (3)意義系統

（三）環境系統觀
- (1) 使用的時間 (when)
- (2) 使用的場合 (where)
- (3) 使用的方法

以「概念」為考量的九個焦點

對概念與定義的圖示──必須使產品與消費者得到match（配適）

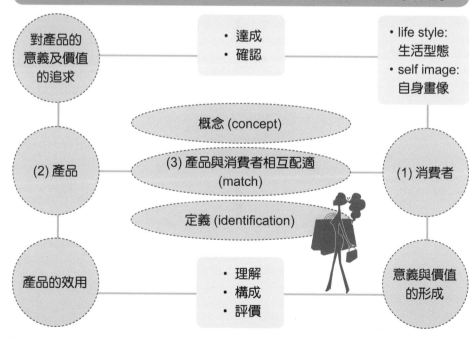

對產品的意義及價值的追求

- 達成
- 確認

- life style: 生活型態
- self image: 自身畫像

概念 (concept)

(3) 產品與消費者相互配適 (match)

定義 (identification)

(2) 產品

(1) 消費者

產品的效用

- 理解
- 構成
- 評價

意義與價值的形成

新產品開發的可行性評價構面與特色

一、新產品開發的可行性評價項目

　　如右頁圖項目，均為新產品開發是否具有可行性評價的項目內容。在圖中，大概可以從五個層面來評估一個新產品是否值得投入開發，包括：

　　1. 同業與市場的吸引力及魅力程度如何？

　　2. 在生產與銷售面的可行性程度如何？

　　3. 本公司的整體競爭力程度如何？

　　4. 此新產品或戰略性產品對本公司現在事業及未來性事業的貢獻程度及影響力程度如何？

　　5. 此新產品對本公司的獲利貢獻程度如何？

　　至於每一項評價要因的細目，請參閱右頁圖。

二、產品概念的可行性評價十大因素

　　對新產品概念的可行性評價，則包括以下十個分析項目：

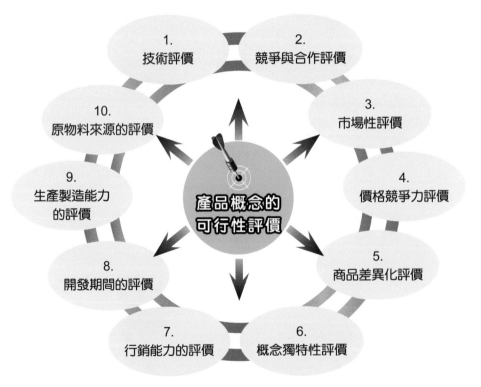

對新產品的可行性評價項目──五項評價要因及其細目

 同業與市場的魅力度

(1) 市場規模大小
(2) 產品生命週期的位置
(3) 競爭狀態
(4) 需求的安定性
(5) 未來成長前景

 生產與銷售的可能性

(1) 技術取得的可能性
(2) 設備投資大小
(3) 原料來源
(4) 研發支出成本大小
(5) 市場開拓的行銷支出大小

 競爭力

(1) 研發能力如何
(2) 生產技術能力如何
(3) 生產成本如何
(4) 銷售力如何

 對現在事業及未來性事業的貢獻

(1) 對市場的加分或扣分
(2) 對通路的充實
(3) 對研發能力的擴張
(4) 對生產技術的擴張
(5) 對景氣、季節變動的因應
(6) 對買方、顧客的多元化及分散化

  獲利性

(1) 對營收的成長
(2) 對獲利的成長
(3) 對投資報酬的成長
(4) 對風險的控管

7-12 新產品開發上市成功的四個核心能力

　　根據很多企業實務的研究及經驗顯示，新產品開發及上市成功的關鍵因素，除了屬於外部環境及消費者因素外，其實這些都還算不難掌握及評估。比較難的是，公司到底有沒有強勁的內部組織能力及公司資源來支撐這些創新產品的研發及上市，而這些組織能力及公司資源，當然意指必須比國內外競爭對手更加優越或領先，至少不能輸對手否則新產品在研發及上市過程中，就無法勝過競爭對手了。

　　新產品開發上市成功，大致有四個「核心能力」(core competence) 是公司及組織必須擁有的，包括：

1. 擁有 powerful 的技術核心能力。
2. 擁有 powerful 的市場行銷核心能力。
3. 擁有 powerful 的人才資源核心能力。
4. 擁有 powerful 有效率的組織化作戰核心能力。

＜案例一＞　日本豐田汽車商品開發成功要因

1. 技術核心能力
(1) 商品開發的速度。
(2) 品質管理的堅強。
(3) 零組件成本控管佳。

2. 市場核心能力
(1) 過去資訊情報的累積及活用。
(2) 滿足顧客的需求。
(3) 對經銷通路商的管理佳。
(4) 促銷及廣宣活動佳。

3. 人才核心能力
(1) 高階決策能力佳。
(2) 現場製作組裝汽車技能佳。
(3) 汽車研發人才堅強。

4. 組織核心能力
(1) 新車開發小組的整合化與制度化。
(2) 相關部門充分的支援及合作。

新產品開發上市成功的四個「核心能力」

1. 技術核心能力

- 概念作成
- 商品基本計畫

・情報蒐集

2. 市場行銷核心能力

- 商品工程

・設計決定

4. 組織化作戰核心能力

3. 人才資源核心能力

TOYOTA新車開發成功四大要因能力

能力1

擁有高技術
的核心能力

能力4

擁有組織化、制度化、
團隊合作化的核心能力

能力2

擁有對市場與顧客瞭解
的核心能力

能力3

擁有優秀人才團隊
的核心能力

新產品開發的市調綜述(part I)

一、市調的目的

市調的目的 → 對於新產品開發到上市的各種可能問題及答案 → 得到科學化的數據支持 → 以利於做各種行銷決策

二、市調的兩大類方法

量化調查（大樣本）

* 屬廣度調查法
* 方法
  1. 網路問卷法
  2. 電話訪問問卷法
  3. 店內填寫問卷法
  4. 街頭訪問調查法
  5. 家庭問卷填寫法
  6. 現場觀察填寫法

質化調查（小樣本）

* 屬深度調查法
* 方法
  1. FGI/FGD（焦點團體座談會）
  2. 一對一專家深度訪談
  3. 錄影觀察方法
  4. 日記填寫法

三、兩大類方法目的

量化調查	想得到各項問題的多少百分比之解答
質化調查	想得到顧客內心的看法、想法與意見表達

四、市調執行兩種可能

大部分	委託外部專業市調公司執行
小部分	自己公司自行進行

五、市調專業三種方法名稱

1. U&A調查

- usage & attitude
- 消費者使用行為與態度調查

2. Blind Test

- 消費者盲目測試（盲飲、盲吃、盲測）
- 去掉公司及品牌 logo 標誌後的調查法

3. FGI/FGD

- focus group interviews
- focus group discussion
- 焦點團體座談會

六、FGI/FGD質化調查法

③ 要有內部或外部主持人一名

④ 主持人不能有主觀意見

② 用座談會討論方式進行

⑤ 事前要擬好討論主題的題綱

① 較少的樣本數（每場 8~10 人）

得到公司行銷企劃部想要的答案是什麼？

⑥ 充分讓每個顧客表達他的想法、認知及意見

七、市調費用

(1) FGI/FGD	一場約 10 萬元
(2) 量化大樣本電話訪問	視問卷題目數量的多少而定，約 20~40 萬元之間
(3) 量化大樣本網路調查	費用約為電話訪問的一半左右，約 10~25 萬元之間

八、新產品開發到上市的市調

1. 新產品概念市調
- 概念可不可行？
- 概念有沒有市場性？
- 消費者有沒有潛在需求性？

2. 試作品、樣品完成後市調
- 對試作品滿意程度？
- 接受程度？
- 有無改善內容？

3. 定價市調
- 定價多少才是最適當的？

7. 品牌名稱市調
- 對新產品品名的喜愛度及多個名稱的選擇？

6. 新品上市後市調
- 瞭解上市後，顧客的意見、反應如何？

5. 電視廣告(TVC)市調
- 廣告有沒有吸引人？有沒有讓人產生好感？

4. 新產品代言人市調
- 選擇哪一位品牌代言人才是最適合的？

九、新產品的消費者接受度之市調內容項目

1. 對商品的品質調查
2. 對價格帶調查
3. 對品名調查
4. 對設計與包裝調查
5. 對功能調查
6. 對口味調查

消費者對商品的接受度調查

7. 對廣告片調查
8. 對代言人調查
9. 對心理感受調查
10. 對物超所值度調查
11. 對通路需求調查

十、新產品的改良、改善行動

依據：
科學化的市調數據百分比及質化深度意見反應

積極展開：
新產品開發到上市後各項必要之改良、改善精進行動

確保新產品的開發成功

十一、國內較知名的專業市調公司

1. 易普索市調公司
2. 模範市調公司
3. 尼爾森公司
4. 蓋洛普公司
5. 全方位市調公司
6. 世新大學市調公司

十二、日本朝日啤酒公司洞察顧客需求與新產品開發上市的三種必要調查程序

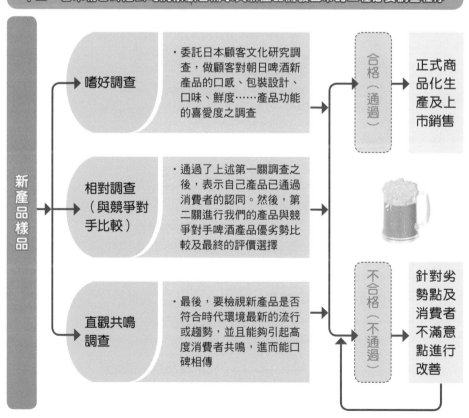

新產品樣品

嗜好調查
・委託日本顧客文化研究調查，做顧客對朝日啤酒新產品的口感、包裝設計、口味、鮮度……產品功能的喜愛度之調查

相對調查（與競爭對手比較）
・通過了上述第一關調查之後，表示自己產品已通過消費者的認同。然後，第二關進行我們的產品與競爭對手啤酒產品優劣勢比較及最終的評價選擇

直觀共鳴調查
・最後，要檢視新產品是否符合時代環境最新的流行或趨勢，並且能夠引起高度消費者共鳴，進而能口碑相傳

合格（通過）→ 正式商品化生產及上市銷售

不合格（不通過）→ 針對劣勢點及消費者不滿意點進行改善

一、新產品上市後的三種狀況

　　新產品上市後更應專注地投入及關心，因為這是考驗整個研發及行銷過程是否成功的唯一證明，也是過程努力後每一個人都想看到的成果。

　　成果狀況可能有三種：

　　1. 叫好又叫座：一上市即成為暢銷商品，為公司帶來營收及獲利的成長。這是典型的新產品開發完美成功，大家自然很高興。

　　2. 不叫好也不叫座：此代表新產品上市失敗，銷售緩慢、庫存續存多，消費者反應不佳、口碑不好，最終有可能成為失敗的下架商品。

　　3. 普通、表現平平、不好也不壞：此時，公司當然會積極展開市調，尋求產品快速改良，以契合消費者的需求及喜愛。

二、新產品上市後改良檢討的十五個項目

　　如上所述，少部分新產品上市可望成為暢銷產品，但對大部分產品而言，不是失敗下架，就是必須展開檢討改善的行動。而究竟應該有哪些檢討改善的項目及空間呢？如下圖所示，計有十五項產品的相關內容值得迅速改良。

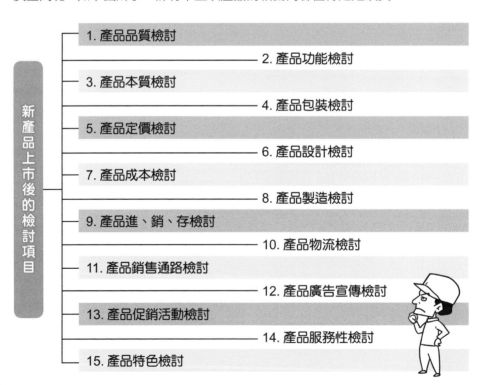

新產品上市後的檢討項目

1. 產品品質檢討
2. 產品功能檢討
3. 產品本質檢討
4. 產品包裝檢討
5. 產品定價檢討
6. 產品設計檢討
7. 產品成本檢討
8. 產品製造檢討
9. 產品進、銷、存檢討
10. 產品物流檢討
11. 產品銷售通路檢討
12. 產品廣告宣傳檢討
13. 產品促銷活動檢討
14. 產品服務性檢討
15. 產品特色檢討

新品上市後的三種可能狀況

① 叫好又叫座 （A級）

② 普通，表現平平 （B級）

③ 不叫好也不叫座 （C級）

新品上市改善檢討五大面向

1. 顧客端意見 反應面向

5. 業務部意見 反應面向

2. 經銷商意見 反應面向

新品上市改善檢討 五大面向

4. 公司自身端 各部門檢討

3. 零售商意見 反應面向

一、產品初期概念階段

在初期評估時，本品牌卸妝乳的整體產品概念有許多方向可走，需思考面向包括：

1. 產品概念應由滋潤切入抑或清潔？
2. 產品概念需緊扣本品牌之品牌精神。
3. 卸妝乳主流消費者會被何種品牌形象所吸引？
4. 產品種類有多少（卸妝乳／卸妝油／卸妝棉／卸妝慕絲）？
5. 現今市場上既存的競爭者為何（蜜妮／嬌生／歐蕾……）？
6. 卸妝乳市場有多大（一年 30 億元的市場？還是 20 億元）？
7. 誰是主要領導品牌？
8. 有領導品牌嗎？會不會是極其分眾的市場？

二、進入實際評估執行

1. 行銷及研究人員會同市場調查公司進入質化研究階段，尋找切合消費者的概念方向，並且進行量化的市場模擬研究，得知進入市場之初步占有率及獲利為何。
2. 行銷人員透過二手資料之蒐集，初步瞭解市場概況。

三、產品可行性分析階段

經過了第一階段的測試決定了基本方向，此產品除了帶出基本功能「澈底卸妝」之外，將主要訴求定位為「使肌膚柔嫩」，以區隔本品牌與他牌卸妝產品之不同。進入此階段，需思考及評估的面向包括：

1. 本品牌卸妝乳上市「配方」為何？
2. 香味方向的決定，採用哪家香精公司？
3. 價格／包裝為何？
4. 廣告創意方向為何？

研發部門研發配方，並會同行銷研究部門與市調公司聯繫，進行消費者產品使用測試。透過內部主觀感受與消費者測試，決定產品「香味」方向：

1. 內部擬定價格方向。
2. 行銷人員與廣告公司開始研擬篩選產品包裝設計。
3. 行銷人員與廣告公司進行廣告腳本發想。
4. 行銷人員與市調公司溝通進行廣告前測。

某卸妝乳新品開發步驟歷程

 產品初期
概念化階段

 進入實際
評估執行

 產品可行性
階段

 產品市場潛力
評估階段

卸妝乳新品開發步驟歷程

⑦ 產品上市後
成效評估與
因應策略

 產品正式
上架鋪貨

 實際行銷廣宣
與通路上架
準備階段

產品可行性分析階段

1. 產品配方內容
可行性分析

2. 價格可行性分析

3. 包裝與設計
可行性分析

6. 成本與利潤
可行性分析

5. 顧客需求與喜
愛可行性分析

4. 廣宣想法可
行性分析

四、產品市場潛力評估階段

經過一連串消費者產品測試,最後終於發展出一個合乎內部標準的卸妝乳配方及適合本品牌的香味,而廣告腳本也於前階段的測試後,篩選出最可行者進行初步拍攝。產品包裝決定仍延續本品牌的藍白色調,以按壓的瓶身做主要銷售包裝,價格則定位在高於一般開架式卸妝產品約 5%。接下來需要思考的面向包括如下:

1. 這樣的整體行銷組合策略能否奏效?
2. 通路的安排需進行整體規劃。
3. 任何上市促銷活動。
4. 廣告檔期需儘早敲定。

五、實際行銷廣宣與通路上架準備

1. 行銷研究人員與市調公司接洽現階段的產品包裝、價格、貨架陳列位置、產品本身、廣告置入市場模擬研究模組等,並進行測試。
2. 通路行銷部門、客戶發展部門與業務人員,開始進行通路聯繫及促銷活動之規劃。
3. 媒體經理與行銷團隊磋商媒體購買方向與時程。
4. 行銷人員、研發部門及供應鏈部門確認所有原料包材供貨無誤。

六、產品正式上市鋪貨

經測試後得知本品牌卸妝乳上市後的利潤超過設定標準,於是董事會准許於○○年○○月底前上市。

七、產品上市後成效評估與因應策略

目前仍陸續追蹤市占率及廣告/品牌表現。

廣宣及通路上架準備

（一）廣宣準備

1. 新品上市記者會
2. 通路促銷活動
3. 廣告上檔準備
4. 公關報導
5. 話題行銷
6. 社群行銷
7. 媒體發稿準備

＋

（二）通路上架準備

1. 實體通路上架準備
2. 虛擬通路上架準備（網購）
3. 與各賣場通知及溝通

產品上市後成效評估項目

1.
各賣場／各門市銷售狀況如何

2.
賣場採購人員意見反應

3.
對消費者的民調反應

4.
各通路及各地區銷售分析

7-18 3M及GSK藥廠新產品開發流程及創新研發四大原則

一、3M 新產品開發流程

3M 是全球號稱最會開發獨創商品的企業，自 1902 年成立以來，每年投入在產品研發的經費，至少占總營收 5~7%，超過 10 億美元（約新臺幣 320 億元）。即使在 2009 年金融海嘯期間，研發經費也一樣沒省。全球 65 家分公司分別深入各自在地的市場找出消費者需求，並把成功案例分享給他國的同事，當作仿效學習的對象。3M 要求 30% 的業績必須來自於近四年所研究出來的新產品，以確保創新的活力。

在 3M，每個創新意見都要符合商品開發的三大原則──「RWW」(real, worth, win)，即「真實可行、值得投資、最後能贏得市場」。

在 3M 產品開發的過程中，產品經理扮演一個火車頭的角色，全權負責商品的生死存亡。但最重要的是，首先要傾聽消費者心聲，其次就是讓內部人員不斷激發創意，即使是主管也不能因一己的好惡而扼殺下屬的想法。

二、荷蘭商葛蘭素史克藥廠 (GSK) 創新研發四大原則

GSK 藥廠開發過程嚴謹，再加上安定性測試及相關登記的時間，從進行消費者洞察到產品上市最快要二年，一般平均也要三到五年，不過這當中仍有許多關鍵的檢核點值得注意。

（一）深入的市場洞察

市場調查是 GSK 在研發時主要的靈感來源，除了以數據分析市場趨勢之外，臺灣 GSK 花更多時間在通路的觀察上，並從和消費者的互動中找需求。

（二）獨特的產品概念

GSK 在研發概念上講求創新，不作 me too 產品，因此往往能開發出具有特殊區隔的利基產品，或是一個全新的品類，同時也奠定了產品競爭力的基礎。

（三）市場有效性評估

對於 GSK 來說，一個新產品上市與否的重要決策，都有一些嚴格的規定層層把關。除了產品力之外，更要看是否有市場潛力。透過面訪、小組測試等相關調查，新產品需至少達到新臺幣 3,000 萬元以上的業績才會推出。

（四）成功的傳播溝通策略

普拿疼系列廣告多半強調能清楚說明其療效的科學根據，使不管是哪一個階層的族群都能直接瞭解產品優勢。

另外，在肌力行銷策略中，則是希望透過突顯使用場合的訴求，讓產品不屬於特定族群，而能接觸到所有有需求的消費者。

3M產品開發標準程序及流程步驟

1. 創意發想
產品經理從消費者聲音中，做創意發想。

跨部門思考，蒐集市場資訊，刪選最佳市場區域。

2. 概念確認
將消費者需求，發展成產品概念。

跨部門思考，與各部門做腦力激盪，確認最佳概念。

3. 商品生死
商品開發關鍵階段通過，才能繼續開發。

跨部門思考，各事業群總經理綜合判斷，按燈決定商品生死。

4. 正式開發
通過生死門後確認可行，進入正式開發階段。

商品試用，從消費者態度與反應中，做最後調整。

5. 全面體檢
上市前跨部門確認，一切就緒。

跨部門思考，商品上市總體檢，確認規格、定價、通路策略。

6. 上市追蹤
上市一年後，追蹤市場反映與消費者聲音。

上市一年後，針對市場反映狀況，調整商品規格與策略。

7. 後續追蹤
上市五年後，追蹤商品延伸、商機開拓可能性。

葛蘭素史克藥廠新品創新研發四大原則

原則1
深入的市場洞察原則

原則4
成功的傳播溝通策略原則

原則2
創新的與獨特的產品概念原則

原則3
市場有效性評估原則

一、新產品上市的重要性

新產品開發與新產品上市是廠商相當重要的一件事，主要原因有：

（一）取代舊產品

消費者會有喜新厭舊感，因此，舊產品久了之後可能銷售量會衰退，必須有新產品或改良式產品替代之。

（二）增加營收額

新產品的增加，對整體營收額的持續成長也會帶來助益。如果一直沒有新產品上市，企業營收就不會成長。

（三）確保品牌地位及市占率

新產品上市成功，也可能確保本公司的領導品牌地位或市場占有率的地位。

（四）提高獲利

新產品上市成功，也可望增加本公司的獲利績效。例如：美國蘋果公司連續成功推出 iPod 數位隨身聽、iPhone 手機及 iPad 平板電腦，使該公司在十年內的獲利水準均保持在高檔。

（五）帶動人員士氣

新產品上市成功會帶動本公司業務部及其他全員的工作士氣、發揮潛力，使公司更加欣欣向榮，而不會死氣沉沉。

二、長久沒有新品上市會如何：六大不利點

1. 顧客會流失。
2. 銷售量會逐步下滑。
3. 品牌會生鏽。
4. 獲利會衰退。
5. 經銷商、通路商會不滿意，配合度會下滑。
6. 零售通路上架會遇到困難，或安排在不好的位置。

新品上市的重要性

1 取代舊產品

4 帶動組織士氣

2 增加營收及獲利

3 確保品牌地位及市占率

沒有新品上市的危機

(1) 沒有新品上市

(2) 新品上市太慢

(3) 既有產品沒有改良

長期的危害：
企業經營危機
會浮現

新品上市，企業成功的典範

美國蘋果公司 → iPod ➡ iPhone ➡ iPad

韓國三星公司 → 三星 Galaxy S 系列、Note 系列

桂格食品公司 → 燕麥片 ➡ 養氣人蔘雞精 ➡ 蜆精

穀類沖泡品
沖泡奶粉 ⬅ 穀類沖泡品

7-20 新產品開發上市審議小組組織表及職掌

組織表圖示

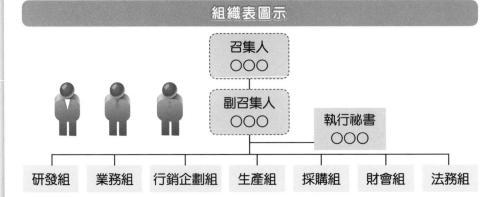

召集人
○○○

副召集人
○○○

執行祕書
○○○

研發組　業務組　行銷企劃組　生產組　採購組　財會組　法務組

各組工作職掌

(一) 研發組
1. 負責新產品創意及概念產生。
2. 負責新產品研究開發及設計工作。

(二) 業務組
1. 負責新產品最終可行性評估工作。
2. 負責新產品通路上架鋪貨事宜。
3. 負責新產品價格訂定事宜。
4. 負責新產品業務目標達成之事宜。

(三) 行銷企劃組
1. 負責新產品概念及創意來源。
2. 負責新產品市調及測試事宜。
3. 負責新產品上市記者會召開之規劃及執行事宜。
4. 負責新產品上市之整合行銷及廣宣、公關事宜。

(四) 生產組
1. 負責新產品生產製造及品質控管事宜。
2. 負責新產品物流配送事宜。

(五) 採購組
1. 負責新產品原物料議價、簽約及採購事宜。
2. 負責採購成本控制事宜。

(六) 財會組
1. 負責新產品成本試算事宜。
2. 負責新產品價格分析事宜。
3. 負責新產品損益試算事宜。

(七) 法務組
負責新產品商標及品牌權利之申請登記事宜。

新產品開發到上市：四大部門負責事項

1. R&D部（商品開發部）	➡	負責：研發出最具競爭力的產品
2. 行銷企劃部	➡	負責：品牌打造、整合行銷活動規劃與執行
3. 業務部	➡	負責：通路快速全面上架鋪貨完成
4. 製造部	➡	負責：生產出最具品質水準的產品

新品上市成功率僅有三成

根據國內外調查統計：

➡ 新品上市成功率只有三成

➡ 新品上市失敗率高達七成

雖僅三成，仍要不斷開發新品的原因

因為既有產品總有一天會衰退，所以平常就要做好準備！

新品上市成功案例

iPod	iPhone	iPad
三星 Galaxy S、Note 系列	SONY Xperia 系列	山葉機車 CUXi
宏佳騰機車	CLEAR 洗髮精	台啤果微醺（水果啤酒）
裕隆 LUXGEN 自創品牌汽車	7-SELECT 自有品牌	LINE
純萃‧喝	爽健美茶	美粒果

新產品開發及上市成功十大要素

依據眾多實戰經驗顯示,新產品開發及上市成功的十大要素包括:

一、充分市調——要有科學數據的支撐

從新產品概念的產生、可行性評估、試作品完成討論及改善、定價的可接受性等,行銷人員都必須有充分多次的市調,以科學數據為支撐。唯有澈底聽取目標消費群的真正聲音,才是新產品成功的第一要件。

二、產品要有獨特銷售賣點作為訴求

新產品在設計開發之初,即要想到有什麼可作為廣告訴求的有力點以及對目標消費群有利的所在點。這些即是獨特銷售賣點 (USP),以與其他競爭品牌有所區隔而形成自身的特色。

三、適當的廣宣費用投入且成功展現

新產品沒有知名度,當然需要適當的廣宣費用投入,並能有創意、新穎的呈現出來,以成功打響這個產品及品牌的知名度。有了知名度就可繼續進行,否則便走不下去。因此,廣告、公關、媒體報導、店頭行銷、促銷等均要好好規劃。

四、定價要有物超所值感

新產品定價最重要是讓消費者感受到物超所值感才行。尤其在景氣低迷、消費保守的環境中,不要忘了平價(低價)為主的守則。「定價」是與「產品力」的表現做相對照的,一定要有物超所值感,消費者才會再次購買。

五、找到對的代言人

有時候為求短期迅速一砲而紅,可以評估是否花錢找到對的代言人,此可能有助於整體行銷的操作。過去也有一些成功的案例,包括:SK-II、台啤、白蘭氏雞精、資生堂、CITY CAFE、SONY 手機、張君雅捏碎麵、阿瘦皮鞋、長榮航空、桂格、維骨力、維士比等均是。代言人費用一年雖花 500~1,000 萬元之間,但若產生效益,仍是值得的。

六、全面性鋪貨上架，通路商全力支持

通路全面鋪貨上架及經銷商全力配合主力銷售，也是新產品上市成功的關鍵，這是通路力的展現。

七、品牌命名成功

新產品命名若能很有特色、很容易記憶、朗朗上口，再加上大量廣宣的投入配合，此時，品牌知名度就容易打造出來。例如：CITY CAFE、維骨力、LEXUS 汽車、iPod、iPhone、Facebook（臉書）、SK-II、林鳳營鮮奶、舒潔、舒酸定牙膏、白蘭、潘婷、多芬、黑人牙膏、王品牛排餐廳等均是。

八、產品成本控制得宜

產品要低價，則其成本就得控制得宜或向下壓低，特別是向上游的原物料或零組件廠商要求降價是最有效的。

九、上市時機及時間點正確

有些產品上市要看季節性、要看市場環境的成熟度。若時機不成熟或時間點不對，則產品可能不容易水到渠成，要先吃一段苦頭、容忍虧錢，以等待好時機到來。

十、堅守及貫徹「顧客導向」的經營理念

最後，即是行銷人員及廠商老闆們心中一定要時刻存著「顧客導向」的信念及做法。在此信念下，如何不斷地滿足顧客、感動顧客、為顧客著想、為顧客省錢、為顧客提高生活水準、更貼近顧客、更融入顧客的情境，然後不斷改革及創新，以滿足顧客變動中的需求及渴望。能夠做到這樣，廠商行銷沒有不成功的道理。

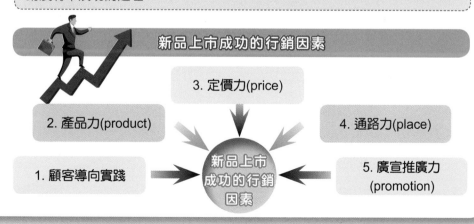

新品上市成功的行銷因素

1. 顧客導向實踐
2. 產品力(product)
3. 定價力(price)
4. 通路力(place)
5. 廣宣推廣力 (promotion)

新品上市成功的行銷因素

Date _____/_____/_____

第八章
某外商日用品集團新產品開發及上市流程步驟案例

8-1 標準流程——漏斗機制

一、新品開發及上市標準流程：五階段漏斗機制流程

（一）What？

1. 任何本公司預計上市產品，需通過內部漏斗流程，方能正式上市。

2. 行銷研究在整個流程中，扮演關鍵角色。

3. 產品發展的每個步驟，需經過研究調查審核，方可進入下一階段。

（二）**漏斗的結構**

此流程由五階段構成：1. 初步產品概念／創意發想。2. 可行性。3. 產品市場潛力。4. 上市準備。5. 上市後評估。

二、產品概念階段

（一）What？

1. 任何未來有發展可能的產品初期創意概念。

2. 可能是成形的產品概念或實際存在，但未在臺灣市場上市的新產品。

3. 產品概念需透過特殊研究機制確認潛力，若未通過需重測直至通過標準。

4. 若概念測試通過設定標準，則可進入下一階段繼續發展。

（二）How？

質化研究在此階段被廣泛運用：

1. 焦點團體座談。

2. 一對一深度訪談。

透過受訪者對測試概念的看法，釐清產品概念之強、弱處，同時發現未來可能有的機會點及外來威脅。此階段廣告公司創意部門也參與創意發想。

（三）Attention！

1. 此階段的產品概念可有許多想法，但每一個都必須明確，以免測試時受訪者混淆而無法提供有效資訊。

2. 產品概念越創新、吸引人，越有利於未來市場競爭力，所以不要害怕在此階段拋出任何令人眼睛一亮、為之驚訝的 idea。

3. 此階段參與部會

(1) 行銷人員：構思未來想推出的產品，或搜尋國外新品上市以供參考，且為計畫主導擁有者 (project owner)。

(2) 研發人員：構思 idea，同時注入「可行性」的觀點，因產品未來的發展與他／她們切身相關。

(3) 行銷研究人員：注入對消費者與市場的深度理解，發想切合市場需求的新創意

(4) 廣告創意：初期貢獻創意，但不與內部人員互通，以防機密性創意洩漏。

某外商公司新產品行銷漏斗五階段流程圖

1.概念與創意	2.可行性	3.產品市場潛力	4.上市準備	5.產品上市

方案許可關口

合約許可關口

產品上市關口

新品開發上市的組織團隊成員

新品開發上市的六個組織團隊成員

1.研發／採購人員

2.行銷企劃人員

3.業務／銷售人員

4.製造／生產／品管人員

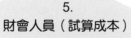
5.財會人員（試算成本）

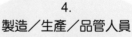

6.設計人員

產品可行性分析

一、What

（一）在此階段，預計上市的產品需被評估、衡量其可行性。

（二）產品於此階段需具備初步行銷規劃（例如：產品配方、價格備案）以利評估。

（三）若產品未通過測試，則需在調整後進行第二次測試。

（四）若產品通過設定的測試標準，則可進入下一階段繼續發展。

二、How

量化研究在此階段被廣泛運用：

（一）消費者產品測試。

（二）初步市場模擬

1. 透過產品測試修正產品表現力，至消費者滿意的程度。

2. 研發部門在此階段扮演要角，需調配出好的產品配方。

3. 透過市場模擬，先行初步預估產品上市可能帶來的收益。

三、Attention

（一）在市場模擬測試中的產品包裝、概念方向需接近上市成品，若變動過大，將造成測試結果與實際預期不相符。

（二）受測試之產品不要支數太多，最好精選好的幾支進行測試，以免造成不必要的成本浪費。

（三）此階段參與部會

1. 行銷人員：構思產品概念需經過哪些研究測試，且仍為計畫主導擁有者(project owner)。

2. 行銷研究人員：與行銷人員共同討論研究方法，並評估研究可行性。

3. 研究公司：承接研究方案，執行調查。

4. 廣告創意：提供創意概念實際初稿給客戶，以利測試。

1. 要有科學化評估準則

2. 要有數據化評估準則

可行性評估的四大準則

3. 要有市場現地評估準則

4. 要有成本／效益評估準則

新產品開發及上市：六大可行性評估項目

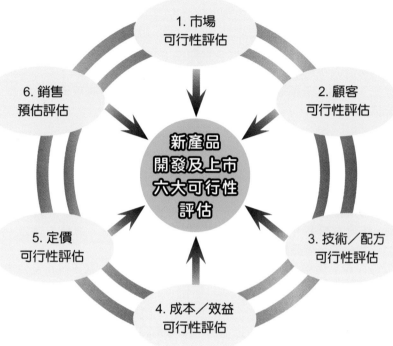

1. 市場
可行性評估

2. 顧客
可行性評估

3. 技術／配方
可行性評估

4. 成本／效益
可行性評估

5. 定價
可行性評估

6. 銷售
預估評估

新產品
開發及上市
六大可行性
評估

市場模擬測試

1. 行銷人員

2. 行銷研究人員

3. 研究公司

4. 廣告創意

8-3 產品市場潛力分析

一、What

（一）在此階段，產品需已具備好的配方，預計上市的包裝、價格備案、廣告／媒體策略。

（二）整體行銷組合策略（marketing mix strategy，即 4P 策略）。在此階段也將被置入特定市場模擬機制，確認是否通過設定的標準。

（三）若測試未通過設定標準，整個行銷組合策略將被檢討，調整至有信心的程度。

二、How

運用市場模擬研究模組：

（一）此為量化研究，透過約訪將目標群組放置於與實際市場相似的環境，進行一連串與產品有關的訪問。

（二）透過市場模擬進行上市預測，預估產品上市後可得的淨利市占率(MPS)、市場占有率 (market share)，以及產品獨特性、媒體影響力，與消費者心目中對品牌／產品的價值認知等重要資訊。

此階段產品廣告（若有廣告預算）進入後製階段，需要與廣告公司有大量接觸、溝通，做最後定案。

三、Attention

（一）產品在此階段已接近上市，模擬測試非常昂貴且關鍵，所有行銷組合需有充分自信方可置入測試，且測試結果方可越趨近實際情形。

（二）此階段參與部會

1. 行銷人員：計畫研究方案，並協調各單位準備測試的產品、包裝、廣告帶等此階段所需之物件元素，仍為計畫主導擁有者 (project owner)。

2. 研發人員：提供測試用產品。

3. 行銷研究人員：與行銷人員共同研討研究方案，並與研究機構聯繫委託調查案。

4. 研究機構：承接研究方案，執行研究調查。

5. 廣告創意：提供完成的廣告帶，供研究測試。

四、新產品潛力評估五大來源

1. 業務部門／門市部門評估。
2. 經銷商評估。
3. 零售商評估。
4. 行銷部評估。
5. 消費者市調評估。

產品上市的四大行銷計畫規劃準備

1. 廣告策略與計畫

3. 公關策略與計畫

2. 媒體策略與計畫

4. 代言人策略與計畫

新品上市市場潛力評估五大來源

1. 業務部門／
門市店部門的評估

5. 顧客市調的評估

2. 經銷商的評估

新品潛力五大評估來源

4. 行銷部的評估

3. 零售商的評估

上市行銷準備及銷售結果追蹤

若預計上市產品已通過所有測試關卡，產品即可進入最後預備階段：

1. 產品的媒體策略：內部媒體經理、產品經理進行共同規劃，外部媒體購買公司執行媒體購買。

2. 實際託播廣告內容：廣告公司需完成交代的廣告內容修正，提供完成的廣告帶。

3. 原料、包材下訂及產品生產確認：行銷人員需與內部負責原料包材／供應鏈部門人員及研發部門人員達成協議，確認何時可有充足的資源。

4. 通路策略／聯繫：通路行銷人員、客戶發展部門需確認所有合作方案及貨品上架時程。

5. 促銷策略：通路行銷人員、客戶發展部門需確認所有促銷 (promote) 方案，作事先準備。

6. 業務確認：第一線業務人員需與各通路商確認上架實際作業，並確保無誤。待相關部會準備事項完成，即鋪貨上架、廣告上映、產品正式上市。

一、What

產品上市後隨即展開追蹤調查，以確認產品的銷售狀況及品牌健康程度。

二、How

透過以下方式：

（一）進階追蹤方案 (ATP)：追蹤品牌知名度、廣告接觸率、產品購買率。

（二）尼爾森零售通路查核、模範市調消費者追蹤調查，得知產品市場占有率、滲透率等重要指標性數據。

三、上市後行銷五大追蹤

1. 銷售狀況追蹤。
2. 品牌知名度追蹤。
3. 廣告播出接觸率追蹤。
4. 消費者市調追蹤。
5. 通路上架鋪貨陳列追蹤。

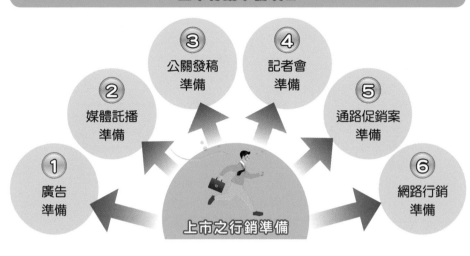

上市行銷準備項目

① 廣告準備
② 媒體託播準備
③ 公關發稿準備
④ 記者會準備
⑤ 通路促銷案準備
⑥ 網路行銷準備

上市之行銷準備

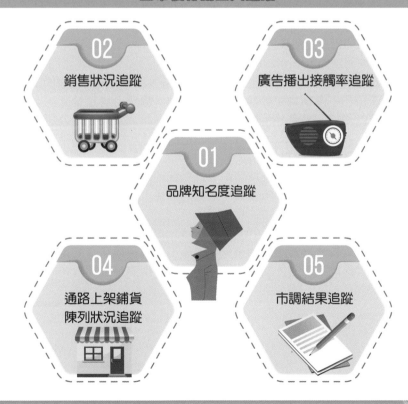

上市後行銷五大追蹤

01 品牌知名度追蹤
02 銷售狀況追蹤
03 廣告播出接觸率追蹤
04 通路上架鋪貨陳列狀況追蹤
05 市調結果追蹤

8-5 公司組織架構

一、最高主管
臺灣區總經理。

二、相關部門

（一）行銷部門 (marketing division)
在公司，行銷不只著眼於產品本身，更在於產品是否滿足了在地消費者的需求。公司的行銷部門有著全球同步的專業網路，使行銷人員可以運用公司的全球資源發展創造力，瞭解與滿足在地消費者的需要，並將產品的特性與特質轉化為行銷優勢。

（二）客戶發展部門 (customer development division)
公司的客戶發展團隊是公司與客戶間溝通的橋梁，以 availability, visibility, everywhere, everyday, profitably 五大策略重點回應公司營運目標，並致力於創造產品在市場上陳列的機會及產品銷售活動，使消費者能輕易買到產品。

（三）供應鏈部門 (supplier chain division)
公司以世界級供應鏈為目標，計畫 (plan)、採購、製造、供配四大環節環環相扣，尊重專業也強調團隊合作，追求效率但絕不妥協品質生產部門，向來堅持品質優於效率，以高度團隊精神、可靠供應鏈、精實的工作精神，作為前線衝鋒陷陣業務行銷的最佳後盾。

（四）財務部門 (commercial division)
運籌公司資源、提供專業判斷、配合全方位服務，是財務人員的最佳寫照。公司的財務部門不僅精通會計及資訊系統業務，更結合管理會計，以專業的判斷適時地提供價格、數量分析建議，實際對公司績效負責，是公司核心幕僚之一。

（五）研發部門 (R&D division)
研發部門挾帶著厚實的全球資源，針對在地需求不斷開發、改良商品包裝和配方，以求滿足臺灣消費者每天、每處的需要，務求開發出有臺灣特色的公司產品。

（六）人力資源管理部門 (human resources/administration division)
公司向來以人才培育及訓練著稱，視員工為公司最寶貴的資產。而公司的人力資源管理部門不但適才適用，更能正確適時地滿足公司營運計畫所需，並且讓公司無後顧之憂，是持續公司整體營運不可或缺的中心性角色。

公司組織與新品開發上市

1.
行銷部

6.
人力資源部

2.
通路客戶業務部

新品開發
及上市

5.
財會部

3.
供應鏈部

4.
研發部(R&D)

新品上市與通路業務部門的五大工作項目

3. 賣場促銷
　 活動搭配

2. 確保好的陳列展示

通路業務
五大工作

4. 賣場廣告招牌搭配

1. 確保如期上架鋪貨

5. 定價的討論及確定

Date _____ / _____ / _____

第九章

產品經理「行銷實戰」暨對「新產品開發及上市」工作重點

產品經理行銷實戰
八大工作(part I)

產品經理 (product manager, PM) 在本土及外商公司消費品產業中，扮演著公司營運發展的重要支柱，像 P&G（寶僑家品）、Unilever（聯合利華）、Nestle（雀巢）、L'OREAL（歐萊雅）、LVMH（路易威登精品集團），以及國內的統一企業等，均是採行產品經理行銷制度非常成功的企業案例。即使不是採取產品經理制度者，亦大部分是採取「品牌經理」(brand manager) 或「行銷企劃經理」(marketing manager) 制度的模式，其實這三者的差異並不能說差異很大，畢竟企業營運及行銷都要講求獲利及生存，組織方式、組織名稱及組織的權責分配狀況倒不是唯一重要的。因此，不管是品牌經理、產品經理或行銷經理，其相通的八大行銷實戰工作根據筆者長期研究，大概可以歸納出下列具邏輯順序的八項重點。

一、市場分析與行銷策略研訂

任何行銷策略計畫研訂之前，當然要分析、審視、洞察及評估市場最新動態及發展趨勢，然後才能據以進一步訂下行銷策略的方向、方式及重點。在這個階段，產品經理還須細分下列五項工作內容，包括：

（一）分析及洞察市場狀況與行銷各種環境的趨勢變化。

（二）接著，對本公司現有產品競爭力展開分析，或對計畫新產品開發方向的競爭力進行分析評估。

（三）然後，找出今年度或上半年度行銷策略的方向、目標、重點及提出優先性。

（四）並且，試圖創造出行銷競爭優勢、行銷競爭力、行銷特色及行銷主攻點，然後才能突圍或持續領先地位。

（五）最後，再一次檢視、討論及辯證行銷策略與市場趨勢變化的一致性，以及策略是否會有效的再思考。

二、對既有產品改善與強化計畫，或是對新產品上市開發計畫，或是對品牌／自有品牌上市開發計畫

產品力通常是行銷活動的最核心根基及啟動營收成長的力量所在。因此，產品經理念茲在茲的，就是要先從既有產品或新產品的角度出發，展開革新或創新工作。

三、提出銷售目標、銷售計畫及產品別／品牌別的今年度損益表預估數據

此部分要配合業務部門及財會部門，參考同業競爭狀況、市場景氣狀況，以及本公司的營運狀況政策與行銷策略的最新狀況，然後訂出公司高層及董事會要求的績效與獲利目標。

產品經理行銷實戰八大工作

(一) 市場分析與行銷策略研訂

(1) 分析及洞察市場狀況與行銷環境趨勢變化

① 市場產值規模與市場趨勢分析。
② 主要前三大競爭對手能力分析（前三大品牌分析）。
③ 消費者偏好、需求及購買模式分析。
④ 產品、價格、通路趨勢分析。

(2) 對本公司現有產品競爭力分析或計畫新產品開發方向競爭力分析檢討

① 比較本公司產品與主力競爭對手產品的競爭力分析。
② 包括：ＳＷＯＴ分析（優勢、劣勢、機會、威脅）、４Ｐ分析、8P/1S/1C分析。

(3) 找出今年度（或本季/本月）行銷策略的方向、目標、重點及提出做法

① 找出S-T-P（區隔－目標－定位）策略在哪裡？
② 找出4P或8P/1S/1C或品牌等當前最重要的策略重點是哪一些或哪些項目以及做法如何？
③ 行銷策略的宣傳口號(slogan)是什麼？以及訴求重點是什麼？獨特銷售賣點(USP)是什麼？差異化策略是什麼？成本降低策略是什麼？

(4) 試圖創造出行銷競爭優勢、行銷競爭力、行銷特色及行銷賣點，才能突圍或持續領先地位

註：8P/1S/1C/1B為：

8P:
product（產品）
price（價格）
place（通路）
promotion（推廣）
public relation（公關）
professional sale（銷售）
physical environment（實體環境）
people（人員）

1S:
service（服務）

1C:
CRM（顧客關係管理）

1B:
branding（品牌工程）

(5) 最後，再一次檢視、討論及辯證行銷策略一致性，以及策略是否有效的再思考

(二) 對既有商品改善、強化計畫、新產品上市開發計畫、多品牌、自有品牌上市計畫

(三) 研究銷售目標、銷售計畫及產品別/品牌別的損益表預估

① 參考同業競爭對手同類與產品的銷售成績（銷售量/銷售額/銷售形式）。
② 參考今年度整體市場供需狀況、經濟景氣好壞、行業特性及競爭激烈狀況。
③ 本公司在上述行銷策略及公司營運政策指示下，訂出預估的年度銷售目標及執行具體計畫。
④ 配合財會部門訂出今年度損益表預估數據。

（續下頁）

159

四、銷售通路布建的持續強化

協助業務針對通路發展策略、獎勵辦法、教育訓練支援、賣場促銷配合及通路貨架上陳列等相關事項,做出提升通路競爭力的工作。唯有在各層次通路商良好的搭配下,產品銷售業績才會有好的結果。

五、產品正式上市活動及媒體宣傳

產品經理必須提出整合與行銷傳播配合方案,不只是透過單一廣告媒體的宣傳而已,務使其各種行銷傳播工具或活動的進行,將新品牌知名度在極短時間內拉到最高。

六、銷售成果追蹤與庫存管理

產品改良上市或新品上市後,才是產品經理挑戰的開始。產品經理必須與業務經理共同負起銷售成果的追蹤,每天／每週／每月均密切開會,交叉比對各種行銷活動及媒體活動後的銷售成績,找出業績成長與衰退原因,並且立即研擬新的行銷因應對策,再付諸實施。另外,庫存數量的管理也很重要,庫存過多,影響資金流動;庫存過少,則不能及時供貨給通路商。

實務上,除了檢討銷售業績外,對於各品牌別的損益狀況及全公司損益狀況,公司高層必然也會及時的在次月 5 日或 10 日前即展開當月別的損益盈虧狀況的檢討及分析,然後對產品經理及業務經理提出資訊告知及對策指示。

七、定期檢視品牌健康度／品牌檢測

品牌權益價值常隨顧客群對本公司品牌喜愛及忠誠度的升降,而有所改變。產品經理必須注意到在幾個主要競爭品牌與時間的消長狀況如何,同時,通常每年至少一次或二次要做品牌檢測的市場調查報告,以瞭解本品牌在顧客心目中的變動情況是更好或變差了,或是維持現狀,然後有所因應。

八、準備防禦行銷計畫或採取改變行銷計畫

產品經理其實最痛苦的,是每天必須面對競爭對手瞬息萬變的激烈競爭手段。例如:常見競爭對手採取大降價、大量促銷、大廣告投入、全店行銷等各種強烈手段,搶攻市占率、搶客戶、搶業績。在此狀況下,產品經理有何防禦計畫或轉守為攻的攻擊行銷計畫,也都是產品經理在產品上市或日常營運過程中,每天必須面對的無數挑戰。

產品經理行銷實戰八大工作（續）

（續上頁）

(四) 通路（銷售通路）布建的持續強化（此為業務部工作重點，產品經理協助）

① 通路發展策略是什麼（多元通路政策、連續通路政策、密集政策……）。
② 通路獎勵制度及辦法研訂。
③ 通路教育訓練支援／資訊情報提供支援。
④ 通路貨架上商品的陳列、POP立牌、海報製作物、專區專櫃布置等。
⑤ 通路上架談判及協調。
⑥ 通路促銷活動配合或主動提案請求。

(五) 正式上市活動與媒體宣傳（如果新品上市或舊品改變）

(1) 不是單做廣告，而要有整合行銷傳播配置措施。另外，廣告創意的有效度也很重要。

(2) 品牌經理擔任品牌發言人，回應媒體客戶、通路的詢問。

(3) 通路商或代理商的充分銷售支援，形成上下的團隊努力。

① 五大媒體廣告組合的宣傳及搭配
② 公關媒體報導
③ 事件活動
④ 代言人造勢
⑤ SP促銷活動配合
⑥ 直效行銷配合
⑦ 話題行銷
⑧ 品牌／口碑行銷

(六) 銷售成果追蹤與庫存管理

① 產品上市後才是產品經理挑戰的開始，產品經理須與業務經理共同承擔業績壓力及市占率變動。
② 行企及業務部每天／每週／每月均密切開會，交叉比對各種行銷活動及銷售成績，找出成長與衰退的原因，並且立即研擬因應對策並付諸實施。
③ 庫存管理也很重要。影響庫存過多或不足因素很多，包括：市場淡旺季、經濟景氣變化、公司的廣告投入、公司的促銷活動等，甚至競爭對手的一舉一動也會影響本公司。

(七) 定期檢視品牌健康（品牌檢測）

① 每季／每半年／每年都要做顧客對本公司品牌喜愛度、認同度、知名度、聯想度及忠誠度的調查報告，瞭解品牌在消費者心目中的變化如何作為因應。
② 服務品質／客訴處理均會影響品牌形象的變化，應訂出會員服務計畫及會員經營計畫。

(八) 準備防禦行銷計畫或採取攻擊行銷計畫

① 競爭對手採最大降價、大促銷、大量廣告投入等活動搶攻市占率之下，本公司有何因應對策。
② 本公司主動出擊，採取攻擊策略，搶奪第一品牌。

產品經理在新產品開發及上市過程中的工作重點(part I)

　　新產品開發及上市是產品經理非常重大的考驗。因為這不像一般既有商品的操作,它們會比較單純,只是一種維繫性工作,只要能保住原有銷售業績成果,就算可以向上級交差了事。而且,畢竟既有品牌也推出了好幾年,應有一些穩固的基礎了,尚不會在短時間內產生太大的變化。但是對於一個新品的全面研發及上市,則是一個全面性的任務及工作,不僅要打造知名度,而且還要賣得動,這多重任務及壓力可以說是非常大的。但是公司又必須定期推出新產品,因為既有產品終究也會有老化或新鮮感過去的時刻。

　　因此,新產品開發及上市當然是非常重要的,也是考驗產品經理有多大能耐與功力的時刻。一般來說,產品經理在新產品開發及上架過程中扮演著主導性專案小組工作,大概可再細分為七項工作重點,包括:

一、尋找切入點(商機何在?)

　　產品經理應該要尋找到可以「商品化」的概念,此即「市場切入點」。這些切入點的來源,包括產品經理對國內及國外市場和產業發展的最新趨勢及變化的掌握與判斷,也可以是各種來源管道的產品創意提案等來源。一旦尋得切入點,即要加快速度、大膽投入,克服各項難題並取得先機。

二、產品前測(上市前之工作)

　　在產品正式生產及上市之前,產品經理還應該做好下列幾件事情,包括:

　　(一)找出產品特有的屬性、特色及獨特銷售賣點 (USP)。

　　(二)評估 S-T-P 架構,找出產品的區隔市場、目標客層及產品定位何在等策略決定。

　　(三)在試作品完成後,即應協同市調公司進行新品測試工作。例如:消費者對這個產品的口味、包裝、品名、包材、容量、設計風格、定價等之反應,並針對缺失不斷調整改進,直到市調結果得到最大多數人滿意為止。

　　(四)要求廣告公司、公關公司、活動公司提出產品上市後,整合行銷傳播計畫及行銷預算支出的討論確定。

1. 新科技突破	2. 新設計突破	3. 新材料突破
4. 新製程突破	新商機八大突破來源	5. 新零組件突破
6. 新產業突破	7 新市場突破	8. 新流行突破

產品經理在「新品開發上市」過程中的七大工作重點

（一）尋找切入點（商機何在？）

1. 日常即應掌握本身所處的產業最新動態，包括國內外（日本、韓國、美國等）。
2. 對市場趨勢(trend)與變化(change)具有高度的敏感度及察覺度。
3. 應找到可以「商品化」的概念，此即「市場切入點」，為商機所在。
4. 商機應嚴格評估其可行性及未來性，只要是可行的、具前瞻性的。

（二）產品前測（上市之前工作）

1. 找出產品特有的屬性、特色、獨特銷售賣點（包括物質或心理的屬性均在內）。
2. 評估出S-T-P架構，根據此種產品的特色賣點，進一步找出區隔市場、目標客層及產品定位何在等，此即產品策略階段。
3. 委託市調公司測試對新品的口味、外觀、品名、商標、包裝、包材、容量、設計風格、定價合宜等之反應，加以改善到完美及具市場接受度為止。此階段一定要非常嚴謹、嚴格，寧可事前做好品質及需求滿足，也不要事後修修改改，浪費人力、物力、財力。
4. 此時，廣告公司、公關公司、活動公司應參與討論，並且準備各種整合行銷傳播活動的創意提案，以及不斷討論及修正規劃案。另外，新品上市行銷預算支出多少，也須做一個明確定案。

（三）準備進入生產製造或委外代工生產

1. 根據銷售部門銷售預測，產品經理向生產部門確認生產數量、生產排程及產銷協調等工作。
2. 物流配送作業協調開會。
3. 製造成本控制記錄。
4. 做出第一年損益表預估數據（分月／分季／分年）。

（續下頁）

三、準備進入生產製造或委外代工生產

產品經理此刻須與業務部門經理共同討論,以及做出前半年、前三個月的銷售預測並納入生產排程,並且協調物流配送作業安排。

當然,此時除了產銷協調工作外,高層主管也會要求產品經理配合財會部門的作業,提出新產品上市每月及一年內的預估損益概況,以瞭解第一年的虧損容忍度是多少。有的公司甚至會被要求做出兩年度的損益預估表。當然,年度越長就會不太準確,因為市場狀況變化會很大。

四、生產完成後,準時通路上架完成

產品經理在此階段會要求業務部門一定要協調好各通路商,在限期內準備好新商品準時上架的目標。這也是一項複雜工程,要完成全省各縣市及各不同通路據點的上架,然後才能做出全面的廣告宣傳活動。

五、全面展開整合行銷宣傳

接著,產品經理就已經規劃好的行銷宣傳活動,即刻全面鋪天蓋地施展計畫,包括:第一波五大媒體的廣告刊播露出、代言人宣傳、新品上市記者會、媒體充分報導、販促活動舉辦、事件行銷活動舉辦等在內,希望能一炮打響此產品的知名度及促銷度。

六、隨時緊密檢討第一波新品上市後業績好不好

新品上市一個月,在貨架上大概就可以定生死了。賣得不好的,很快就會被便利商店體系通路退貨下架,也有可能出現大賣的好狀況。但不管賣得好或不好或普通,產品經理及業務部門一定要緊密的開會討論,並且蒐集通路商意見及消費者意見,研討如何趕快因應改善的具體措施,可能包括:產品本身問題、價格問題、廣告問題、行銷預算問題等各種的缺失或不夠正確性。

七、產品順利上市後,即應再由另一組人積極籌劃下一個新產品上市計畫

「人無遠慮,必有近憂」,沒有永遠的第一名。因為總是有第二名、第三名虎視眈眈,想辦法搶攻第一品牌的位置。唯有不斷開發、不斷創新,公司才能保有半年到一年的領先優勢。

以上七個工作重點,可以整理如右頁圖所示。

產品經理在「新品開發上市」過程中的七大工作重點（續）

（續上圖）

| (四) 生產完成後，銷售部門即已安排好各種通路的配送及上架完成 | 產品經理要求物流部門及銷售部門在確定時間內，完成在各種通路準時上架的目標。 |

| (五) 全面上市、上架，全面行銷宣傳 | 1. 展開第一波電視、報紙、廣播、雜誌、巨幅戶外看板、網路等各種適當媒體上檔宣傳。在短時間內，打開知名度及壯大聲勢。
2. 代言人宣傳／新品上市記者會。
3. 媒體公開報導（全面見報／置入版面）。
4. 事件活動舉辦（運動行銷／活動行銷……）。
5. SP販促活動舉辦（大抽獎活動、送贈品、買大送小、買一送一等）。
6. 直效行銷（DM郵寄／e-DM／VIP日）。 |

| (六) 每週／每月／前三月檢討第一波新品上市業績好不好 | 1. 業績不好：距離原訂目標有差距，應立即檢討問題出在哪一個P、哪一個環節上，做出立即改善對策，並考慮暫時停止廣告投入以免浪費。
2. 業績普通：不好不壞，持續同上述改革。
3. 業績大好：超出預期目標，成為暢銷商品及暢銷品牌。此時，亦應檢討上市為何能夠成功的原因，並且持續此種優勢，以避免對手同樣在三個月後或半年後也跟上來競爭。
4. 展開品牌資產打造，累積及維護工作。 |

| (七) 準備一年後，新產品開發研究的投入工作，以保持永遠持續性領先優勢 | 1. 人無遠慮，必有近憂。
2. 沒有永遠的第一名，只有不斷開發、不斷創新，才能保有半年到一年的領先優勢。 |

END

產品經理必須借助內外部協力單位

產品經理在整個新品開發、生產及行銷上市的複雜過程中,其實扮演的是一個跨單位的資源整合者角色。換言之,產品經理必須要有很多內部及外部各種專業人員的支援、分工及協助,才可以完成新品上市順利成功的工作任務。以下圖表即顯示出產品經理必須借助的各公司專業資源。

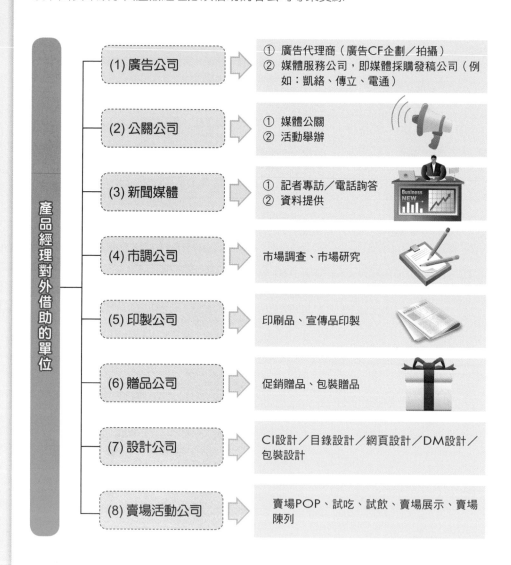

產品經理對外借助的單位

(1) 廣告公司
① 廣告代理商(廣告CF企劃/拍攝)
② 媒體服務公司,即媒體採購發稿公司(例如:凱絡、傳立、電通)

(2) 公關公司
① 媒體公關
② 活動舉辦

(3) 新聞媒體
① 記者專訪/電話詢答
② 資料提供

(4) 市調公司
市場調查、市場研究

(5) 印製公司
印刷品、宣傳品印製

(6) 贈品公司
促銷贈品、包裝贈品

(7) 設計公司
CI設計/目錄設計/網頁設計/DM設計/包裝設計

(8) 賣場活動公司
賣場POP、試吃、試飲、賣場展示、賣場陳列

產品經理必須借助內外部協力單位

聯絡單位	工作內容
對外	
(1) 廣告公司	①工作內容指示 (briefing)；②廣告策略討論；③提案修改、確認；④事後評估討論。
(2) 媒體服務公司	①媒體策略討論；②要求廣告報價；③通知媒體購買；④安排 cue 表（媒體排期表）；⑤事後評估討論。
(3) 公關公司	①工作內容指示；②提案修改、確認；③新聞內容資料提供；④活動相關製作物確認；⑤活動各細項確認；⑥事後評估討論。
(4) 市調公司	①工作內容指示；②公關策略討論；③市調細節確認；④調查報告分析；⑤擬定行動方案。
(5) 設計公司	①工作內容指示；②提案修改、確認。
(6) 活動公司	①活動案確認、細節擬定；②相關製作物製作；③溝通公司內部相關部門配合；④確認活動順利執行；⑤事後評估討論。
(7) 各類廣告商	①聽取提案；②尋找評估合適媒體。
(8) 製作物／贈品公司	尋找合作廠商提供製作物／贈品。
(9) 印刷廠	①印刷物／材料選定；②製作物／打樣確認。
(10) 新聞媒體	①新聞資料提供；②新聞稿發布；③接受媒體採訪。
對內	
(11) 業務部門／店務部門	①行銷計畫報告；②新品計畫報告；③促銷活動討論；④銷售預估討論。
(12) 後勤生產部門	①促銷活動討論；②銷售預估討論；③包裝需求通知。
(13) 財務部門	①產品成本與毛利計算；②行銷預算控制；③閱讀相關報表。
(14) 採購部門	①提出購買項目；②要求物品到達時間與數量。
(15) 品管部門	①產品標示討論；②客訴問題處理。
(16) 亞太地區／大中華區辦公室	亞太地區／大中華區專案討論與執行。

優秀產品經理的能力、特質及歷練是什麼

一、優秀產品經理的四大能力

（一）多元化專業能力

1. 產品經理是一個整合性工作，以及告訴別人應該如何做的指揮者，因此，必須有多元化的專業能力。
2. 此外還包括：行銷專業知識、產品研發、業務銷售、產銷協調、廣告、公關及財務損益表分析等各科部門的歷練或開會學習成長。

（二）溝通協調力

1. 產品經理必須面對很多的合作單位及內／外部協力單位，包括：廣告代理商、媒體代理商、媒體公司、公關公司、賣場活動公司、產品研發工作室、市調公司、委外代工公司、藝人經紀公司、通路經銷商、記者，以及異業合作公司。另外，還包括內部單位，如業務部、工廠。
2. 具備溝通協調能力，掃除本位主義、個人主義。此外，利益共享原則、謙卑態度、站在對方立場思考等，均是必須做到的。
3. 尤其，行銷品牌人員與業務部人員的衝突性較大，一個是花錢單位，一個則是背負業績壓力，彼此觀點、目標、做法、組織人員特質、利益等均不太相同。

（三）洞察力

1. 產品經理每天／每週接收來自各種管道的訊息、報表、市調報告等很多，如何抓住重點、掌握趨勢、見微知著，是一項考驗。
2. 邏輯思考及見多識廣是洞察力兩大基礎。

（四）守護品牌的決心

各種規劃、活動、傳達均須與品牌精神和品牌定位具一致性，不能模糊、衝突、不一致。

二、產品經理的五大特質

（一）對品牌充滿熱情及生命。
（二）工作能吃苦耐勞，經常忍受超時工作，具 7-ELEVEN 精神。
（三）頭腦靈活，懂得隨市場變化而變通。
（四）源源不絕的創意。
（五）不斷學習，追求深度及廣度成長。

三、產品經理的四大考驗歷程

（一）要有曾經主導企劃並執行過新品上市的活動及成功經驗。
（二）要研擬過品牌長期的行銷策略（至少三年）。
（三）要經常到通路及賣場上聽取店員、顧客及店老闆的意見及反應。
（四）面對競爭對手激烈挑戰，仍能屹立不搖。

四、結語：敏銳、彈性、創意、溝通協調、前瞻、耐操，是產品經理應具備的六條件

　　產品經理擔負著繁重的行銷工作，從規劃、執行、考核追蹤等，可以說非常辛苦，經常要每天加班到晚上。因為在各品牌激烈競爭中，要維持既有成果或創造成長空間，都不是一件容易的事情。因此，一個優良且成功的產品經理人員一定要具備以下六項條件，包括：

（一）對市場變化具「敏銳性」。
（二）對行銷計畫推動具「彈性因素」。
（三）對致勝祕訣具「創意性」。
（四）對內外部協力支援單位具良好的「溝通協調性」。
（五）對整體營運發展趨勢具「前瞻性」。
（六）對每天長時間的工作具「耐操性」。

　　看來，要保持一個「行銷常勝軍」紀錄的卓越產品經理，還真不是一件簡單的事，不僅需要公司或集團強大資源的投入支援，而且個人也須具備上述這六項要件。

Date _____/_____/_____

第十章
新產品上市之整合行銷活動

　　當廠商面對新產品上市、既有產品重新包裝上市或推動某產品的重大行銷活動時，經常會使用所謂的整合行銷操作方法，茲簡述如下。

一、行銷致勝的「全方位整合行銷＆媒體傳播策略」圖示

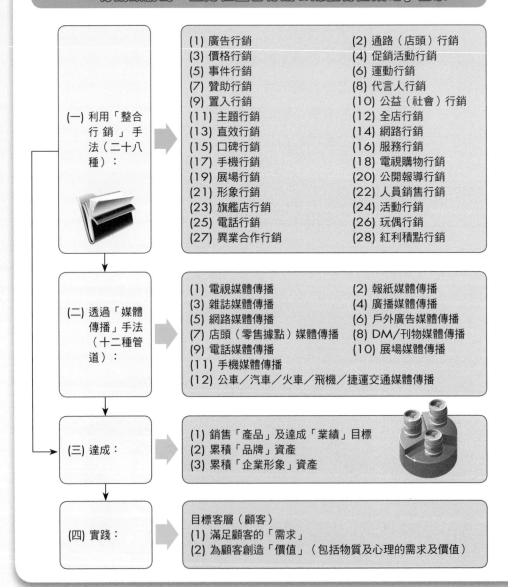

（一）利用「整合行銷」手法（二十八種）：

(1) 廣告行銷	(2) 通路（店頭）行銷
(3) 價格行銷	(4) 促銷活動行銷
(5) 事件行銷	(6) 運動行銷
(7) 贊助行銷	(8) 代言人行銷
(9) 置入行銷	(10) 公益（社會）行銷
(11) 主題行銷	(12) 全店行銷
(13) 直效行銷	(14) 網路行銷
(15) 口碑行銷	(16) 服務行銷
(17) 手機行銷	(18) 電視購物行銷
(19) 展場行銷	(20) 公開報導行銷
(21) 形象行銷	(22) 人員銷售行銷
(23) 旗艦店行銷	(24) 活動行銷
(25) 電話行銷	(26) 玩偶行銷
(27) 異業合作行銷	(28) 紅利積點行銷

（二）透過「媒體傳播」手法（十二種管道）：

(1) 電視媒體傳播	(2) 報紙媒體傳播
(3) 雜誌媒體傳播	(4) 廣播媒體傳播
(5) 網路媒體傳播	(6) 戶外廣告媒體傳播
(7) 店頭（零售據點）媒體傳播	(8) DM／刊物媒體傳播
(9) 電話媒體傳播	(10) 展場媒體傳播
(11) 手機媒體傳播	
(12) 公車／汽車／火車／飛機／捷運交通媒體傳播	

（三）達成：

(1) 銷售「產品」及達成「業績」目標
(2) 累積「品牌」資產
(3) 累積「企業形象」資產

（四）實踐：

目標客層（顧客）
(1) 滿足顧客的「需求」
(2) 為顧客創造「價值」（包括物質及心理的需求及價值）

行銷致勝的「360°整合行銷＆媒體傳播策略」

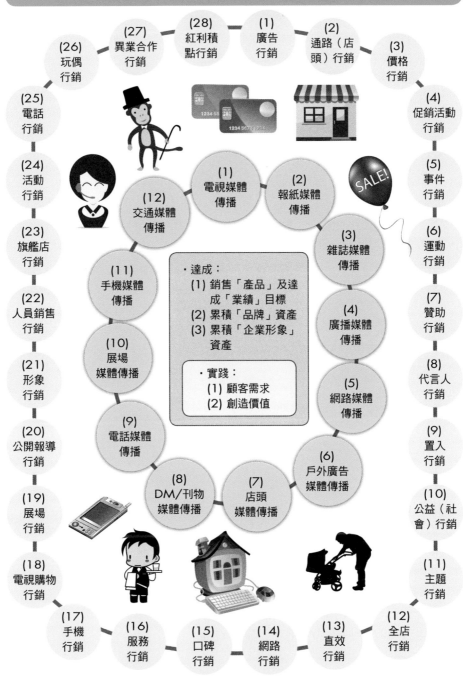

- (1) 廣告行銷
- (2) 通路（店頭）行銷
- (3) 價格行銷
- (4) 促銷活動行銷
- (5) 事件行銷
- (6) 運動行銷
- (7) 贊助行銷
- (8) 代言人行銷
- (9) 置入行銷
- (10) 公益（社會）行銷
- (11) 主題行銷
- (12) 全店行銷
- (13) 直效行銷
- (14) 網路行銷
- (15) 口碑行銷
- (16) 服務行銷
- (17) 手機行銷
- (18) 電視購物行銷
- (19) 展場行銷
- (20) 公開報導行銷
- (21) 形象行銷
- (22) 人員銷售行銷
- (23) 旗艦店行銷
- (24) 活動行銷
- (25) 電話行銷
- (26) 玩偶行銷
- (27) 異業合作行銷
- (28) 紅利積點行銷

媒體傳播：
- (1) 電視媒體傳播
- (2) 報紙媒體傳播
- (3) 雜誌媒體傳播
- (4) 廣播媒體傳播
- (5) 網路媒體傳播
- (6) 戶外廣告媒體傳播
- (7) 店頭媒體傳播
- (8) DM／刊物媒體傳播
- (9) 電話媒體傳播
- (10) 展場媒體傳播
- (11) 手機媒體傳播
- (12) 交通媒體傳播

- 達成：
  - (1) 銷售「產品」及達成「業績」目標
  - (2) 累積「品牌」資產
  - (3) 累積「企業形象」資產
- 實踐：
  - (1) 顧客需求
  - (2) 創造價值

173

整合行銷的二十八種手法

1. 廣告行銷
- 電視 CF 廣告片製作
- 報紙稿、廣播稿、雜誌稿與網路廣告文案設計及美編特輯

2. 通路（店頭）行銷
- 店頭／賣場 POP 廣告製作物　　・ 店招牌補助
- 招待旅遊　・ 經銷商大會

3. 價格行銷
- 折扣戰（短期的）・ 價格差異化　・ 降價戰（長期的）

4. 促銷活動行銷
- 滿千送百　・ 大抽獎　・ 免息分期付款　・ 紅利積點換商品
- 購滿贈　・ 加價購　・ 買二送一

5. 事件行銷
- LV 中正紀念堂 2,000 人大型時尚派對
- SONY BRAVIA 液晶電視在 101 大樓跨年煙火秀

6. 運動行銷
- 國內職棒／高爾夫球賽　・ 世界盃足球賽事冠名權
- 美國職籃、職棒賽事

7. 贊助行銷
- 藝文活動贊助　・ 宗教活動贊助　・ 教育活動贊助

8. 代言人行銷
- 為某產品或品牌代言，例如：林志玲、鄭弘儀、大 S、小 S、楊丞琳、Rain 等

9. 置入行銷
- 將產品或品牌置入在新聞報導、節目或電影中

10. 公益（社會）行銷
- P&G 的 6 分鐘護一生，各公司的捐助　・ 花旗銀行的聯合勸募

11. 主題行銷／預購行銷
- 母親節預購蛋糕　・ 過年預購年菜　・ 北海道螃蟹季　・ 國民便當

12. 全店行銷
- 7-ELEVEN 的 Hello Kitty 活動

13. 直效行銷
- ・郵寄 DM 或產品目錄　・會員招待會　・VIP 活動

14. 網路行銷
- ・網路廣告呈現　・網路活動專題企劃　・e-DM（電子報）
- ・網路訂購／競標

15. 口碑行銷
- ・會員介紹會員活動 (MGM)　・良好口碑散布

16. 服務行銷
- ・各種優質、免費服務提供
- ・例子：五星級冷氣免費安裝、汽車回娘家免費健檢、小家電終身免費維修

17. 手機行銷
- ・手機廣告訊息傳送　・手機購物　・手機購票

18. 電視購物行銷
- ・新產品上市宣導　・對全國經銷商教育訓練

19. 展場行銷
- ・資訊電腦展　・連鎖加盟展　・美容醫學展　・食品飲料展

20. 公開報導行銷
- ・各大媒體正面的報導　・各種發稿能見報

21. 形象行銷
- ・各種比賽獲獎或專業雜誌正面報導（產品設計獎、品牌獎、服務獎、形象獎等）

22. 人員銷售行銷
- ・直營店、門市店、營業所、旗艦店、分公司等人員銷售組織

23. 旗艦店行銷
- ・LV 旗艦店　・NOKIA 旗艦店　・實務 Carnival 旗艦店　・資生堂旗艦店

24. 活動行銷
- ・除上述以外的各種活動舉辦

25. 電話行銷 (T/M)
- ・透過電話進行銷售行動，例如：壽險、信用卡借貸、禮券、基金等

26. 玩偶行銷
- ・利用玩偶、卡通之肖像或商品，作為促銷贈品或包裝圖像設計

27. 異業合作行銷

28. 紅利積點行銷活動

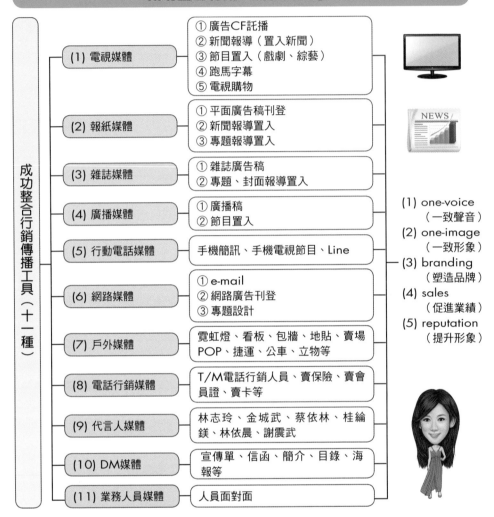

成功整合行銷「傳播工具」

成功整合行銷傳播工具（十一種）

(1) 電視媒體
- ① 廣告CF託播
- ② 新聞報導（置入新聞）
- ③ 節目置入（戲劇、綜藝）
- ④ 跑馬字幕
- ⑤ 電視購物

(2) 報紙媒體
- ① 平面廣告稿刊登
- ② 新聞報導置入
- ③ 專題報導置入

(3) 雜誌媒體
- ① 雜誌廣告稿
- ② 專題、封面報導置入

(4) 廣播媒體
- ① 廣播稿
- ② 節目置入

(5) 行動電話媒體
- 手機簡訊、手機電視節目、Line

(6) 網路媒體
- ① e-mail
- ② 網路廣告刊登
- ③ 專題設計

(7) 戶外媒體
- 霓虹燈、看板、包牆、地貼、賣場POP、捷運、公車、立物等

(8) 電話行銷媒體
- T/M電話行銷人員、賣保險、賣會員證、賣卡等

(9) 代言人媒體
- 林志玲、金城武、蔡依林、桂綸鎂、林依晨、謝震武

(10) DM媒體
- 宣傳單、信函、簡介、目錄、海報等

(11) 業務人員媒體
- 人員面對面

(1) one-voice（一致聲音）
(2) one-image（一致形象）
(3) branding（塑造品牌）
(4) sales（促進業績）
(5) reputation（提升形象）

案例：LV（路易威登）在臺北旗艦店擴大重新開幕之整合行銷手法

1. 廣告行銷（各大報紙／雜誌廣告）。
2. 事件行銷（耗資5,000萬元，在中正紀念堂廣場舉行2,000人大規模時尚派對晚會）。
3. 公開報導行銷（各大新聞臺SNG現場報導，成為全國性消息）。
4. 旗艦店行銷（臺北中山北路店，靠近晶華大飯店）。
5. 直效行銷（對數萬名會員發出邀請函）。
6. 展場行銷（在店內舉辦模特兒時尚秀）。

10-3 新產品上市記者會企劃案撰寫要點

1. 記者會主題名稱。

2. 記者會日期與時間。

3. 記者會地點。

4. 記者會主持人建議人選。

5. 記者會進行流程 (run down)，包含：出場方式、來賓講話、影帶播放、表演節目安排等。

6. 記者會現場布置概示圖。

7. 記者會邀請媒體記者清單及人數

(1) TV（電視臺）出機：TVBS、三立、中天、東森、民視、福斯、緯來、壹電視、非凡、年代等九家新聞臺。

(2) 報紙：蘋果、聯合、中時、自由、經濟日報、工商時報。

(3) 雜誌：商周、天下、遠見、財訊、今周刊。

(4) 網路：聯合新聞網、NOWnews、中時電子報、ETtoday、蘋果新聞網。

(5) 廣播：News98、中廣、飛碟。

8. 記者會邀請來賓清單及人數（包括全臺經銷商代表）。

9. 記者會準備資料袋（包括新聞稿、紀念品、產品 DM 等）。

10. 記者會代言人出席及介紹。

11. 記者會現場座位安排。

12. 現場供應餐點及份數。

13. 各級長官（董事長／總經理）講稿準備。

14. 現場錄影準備。

15. 現場保全安排。

16. 記者會組織分工表及現場人員配置表，包括：企劃組、媒體組、總務招待組、業務組等。

17. 記者會本公司出席人員清單及人數。

18. 記者會預算表，包括：場地費、餐點費、主持人費、布置費、藝人表演費、禮品費、資料費、錄影費、雜費等。

19. 記者會後安排媒體專訪。

20. 記者會後事後檢討報告（效益分析）

(1) 出席記者統計。

(2) 報導則數統計。

(3) 成效反應分析。

(4) 優缺點分析。

公關活動與媒體報導

① 產品發表會及展示會

② 記者專訪報導

③ 新聞稿發布

⑧ 置入媒體行銷報導

公關活動與媒體報導

④ 工廠參觀

⑦ 公益基金會活動

⑥ 公益行銷活動

⑤ 危機處理

促銷活動(sale promotion, SP)

(1) 折扣促銷

(2) 免息分期付款

(3) 紅利積點促銷

(13) 其他各種促銷花招

SALE!

SP活動項目

(4) 大抽獎活動促銷

(12) 免費到府安裝及配送

(5) 滿千送百促銷

(11) 買即送贈品（好禮三選一）

(6) 滿額送贈品

(10) 加價購促銷

(7) 第二件起打折促銷

(9) 買一送一促銷

(8) 特惠價促銷

10-4 新產品上市的賣場行銷活動

一、賣場／店頭行銷越來越重要的六大原因及六大力求

賣場／店頭行銷的重要性

（一）六大原因

(1) 依據「3:3:3」研究發現，有三分之一的消費者被賣場現場的行銷活動所影響；另三分之一則是忠誠不變的品牌使用者；另三分之一則是介於中間的。

(2) 有助吸引消費者目光，打響新產品上市或新品牌推出之知名度。

(3) 試吃／試喝活動，當消費者覺得好吃或好喝後，會有購買行動。

(4) 若能爭取到好的賣場排面及專區設置，有助於銷售增加。

(5) 買大送小／買二送一／附贈品等包裝式促銷，以及購滿多少可換贈品促銷方式，均必須與賣場結合利用，有助業績提升。

(6) 現場展示及現場熱鬧表演或現場代言人出現，均可使產品知名度提升。

（二）六大力求

(1) 力求吸引人的排面及專區設置。

(2) 力求吸引人的現場廣宣招牌。

(3) 力求吸引人的展示活動。

(4) 力求吸引人的表演活動。

(5) 力求吸引人的包裝式促銷活動。

(6) 力求吸引人的折扣、特惠價、滿額換贈品及大抽獎等SP活動。

結果：營收業績達成目標、營收成長

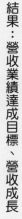

▶一匙靈在賣場的產品專區陳列

◀白蘭在大賣場的產品專區陳列

▶舒潔在大賣場的產品專區陳列

第十一章
產品經理對業績成長的十三個行銷策略

11-1 業績成長策略（從產品策略著手）

業績成長策略之一：從「產品策略著手」

（一）進入不同品類著手：尋找最具成長性的品類切入

1. 飲料市場：茶飲料、鮮乳、水果飲料、果汁、運動飲料、礦泉水、機能飲料、美容飲料、豆類飲料、碳酸飲料、咖啡飲料……不同品類飲料市場。

2. 日用品市場：洗髮乳、沐浴乳、洗面乳、面膜、洗衣精、洗潔精……不同品類日用品市場。

3. 牙膏市場：一般性牙膏、抗過敏性牙膏等不同品類牙膏市場。

4. 化妝品、保養品市場：化妝品、保養品、彩妝品、皮膚醫療品等不同品類化妝品、保養品市場。

5. 宅配運送市場：B2C、B2B、B2B2C、宅配運送市場。

6. 汽車市場：一般汽車、休旅車、跑車、平價車、中價位車及高價位車等不同品類汽車市場。

7. 咖啡連鎖店：賣咖啡、賣蛋糕、賣麵包及節慶產品等不同品類咖啡連鎖市場。

8. 便利商店：賣一般性產品、鮮食產品、服務性商品及全能性產品等不同品類便利商品。

（二）深耕同一品類

1. 茶飲料系列：包括綠茶、紅茶、烏龍茶及花茶等不同茶種，每一茶種又有更細的或不同品質等級的區分，故可以不斷深耕下去。

2. 鮮乳系列：有不同的產地乳源、不同的等級品質初乳等。

3. iPod → iPod shuffle → iPod nano → iPod video。

（三）採用不同的包材

例如：飲料的包材則包括鋁罐、保特瓶、利樂包、新鮮屋、玻璃瓶、塑膠瓶等各種包材，可以在不同的地方使用或適合不同喜愛的人購買。

（四）對既有商品，每年定期更新及改變一些外觀和內容

1. 例如：TOYOTA 汽車 CAMRY 車型，每一年都會做一些外觀及內裝的改變及更新，讓人有跟過去不一樣的感覺，符合新年度新車型的市場需求。

2. 某些食品、飲料、洗髮精、沐浴乳、洗衣粉等外觀、設計、色系、使用方法、配方等，都會做一些改變、更新及調整，以維持一定的銷售業績。

（五）產品創新領先

蘋果公司率先推出 iPod 數位音樂隨身聽、iPhone 智慧型手機及 iPad 平板電腦。

從產品策略著手的業績成長策略

產品策略與成長

1. 尋找最具成長性的品類著手

2. 深耕同一品類的成長

3. 採用不同包材的成長

4. 定期更換外觀的設計及內容成分的成長

5. 率先產品創新領先的成長

從品類策略著手成長

① 從同一品類深耕成長 ＋ ② 從不同品類深耕成長 ＋ ③ 多角化跨品類深耕成長

11-2 業績成長策略（從定位、品牌、通路策略著手）

一、業績成長策略之二：從「定位改變策略」著手

往更有潛力的市場，改變定位：

（一）白蘭氏雞精已轉向「健康食品」定位，而非僅定位在「雞精」產品的領先者而已，故白蘭氏也推出了健康一錠、蜆精等產品。

（二）微風廣場轉向「名牌精品廣場」為新的定位，走出過去泛稱的購物中心困境。

二、業績成長策略之三：從「品牌策略」著手

（一）採用品牌延伸不同的產品項目

1. 伏冒感冒、伏冒頭痛、伏冒肌立酸痛、伏冒咳嗽等。
2. 味全貝納頌咖啡、貝納頌茶飲料。
3. 伯朗咖啡飲料、伯朗咖啡連鎖店。
4. 蘋果數位音樂隨身聽 iPod → iPhone（蘋果手機）→ itv（蘋果電視）。

（二）採用多品牌策略

1. 統一鮮乳、統一瑞穗鮮乳、統一 Dr. Milk 鮮乳、統一 72℃低溫鮮乳。
2. P&G 公司的潘婷、飛柔、海倫仙度絲等不同品牌洗髮精。
3. 聯合利華公司的多芬、麗仕等不同品牌產品。
4. 王品餐飲集團的王品、西堤、陶板屋等餐廳。

（三）採用深耕品牌策略

統一企業限定營業額 5,000 萬元以上的品牌才可以留下來經營，其他小品牌一律退場不做，並將品牌區分為四級，最高一級為營收額 10 億元以上，包括茶裏王、統一優酪乳等。品牌深耕即代表將公司有限的行銷資源集中在有限的重要品牌上，才可以看到成果。

三、業績成長策略之四：從「通路策略」著手

（一）拓展不同及更多的多元化通路

1. 從實體通路到虛擬通路（例如：網路購物、電視購物、預購、型錄購物等），或是從虛擬通路走到實體通路。
2. 拓展不同、多元、主流的實體通路（例如：百貨公司、量販店、便利商店、超市及其他連鎖性通路）。
3. 建立自營（直營）連鎖據點及通路體系（例如：統一企業擁有統一超商、康是美、星巴克、多拿滋等自營實體通路）。

（二）重視店頭（賣場）特別陳列的布置

店頭（賣場）特別陳列的布置，已成為通路及業務部人員重要的工作任務。這種專區式特別陳列方式，具有較大的空間以吸引消費者目光。若再配合價格促銷活動，則會有效提升該月業績。

從品牌策略著手的業績成長策略

1. 品牌延伸策略

2. 多品牌策略

3. 副品牌策略

4. 既有品牌深耕策略

從通路策略著手的業績成長策略

1. 實體通路廣泛上架

三大通路策略

3. 建立直營門市店上架

2. 虛擬通路上架（網購、電子商務、電視購物、預購）

一、業績成長策略之五：從「廣宣策略」著手

（一）代言策略

1. 找到適當的、對的、高知名度的、與產品特質一致的，以及形象良好的產品代言人，的確對產品在某一個時期內的銷售業績，會帶來一定程度的成長，包括成長一成、二成、甚至三成。

2. 代言人策略已經成為現代行銷的重要方法，包括化妝保養品、飲料、健康食品、名牌精品、鑽錶、預售屋、電腦、速食、銀行、手機、汽車、洗髮精、酒品等，幾乎都會用到代言人的廣宣模式。

（二）廣告 (CF) 策略

1. 一支成功的、吸引人的廣告 (CF)，經常也能打響新產品的知名度，甚至於促購價，以及打紅這個產品。

2. 例如：舒酸定、LEXUS 汽車、多芬洗髮精、SK-II、蘭蔻、資生堂、可口可樂、SONY 手機、三星手機、桂格、白蘭氏等 CF。

二、業績成長策略之六：從「主題行銷活動策略」著手

（一）SONY 於 101 大樓跨年煙火秀主題活動

1. 2006 年及 2007 年度的跨年煙火秀，均由 SONY 臺灣公司取得權利。一場活動下來花費 3,000 萬元，但國內外各大新聞臺、各大報紙均大幅報導，值回 10 倍即 3 億元的廣告宣傳費。

2. 對 SONY 旗下的液晶電視機 (BRAVIA)、照相手機、音樂手機、攝錄影機等，均帶來相當的業績成長。

（二）家樂福大賣場各國美食週主題活動

家樂福每年定期推出韓國產品週、日本產品週、澳洲產品週、泰國產品週、美國產品週、義大利產品週等，具有刺激買氣提高業績作用。

（三）統一超商在 2005 年度成功的 Hello Kitty 主題行銷活動

三、業績成長策略之七：從「大型促銷活動策略」著手

（一）大型週年慶折扣促銷活動。

（二）大型年中慶折扣促銷活動。

（三）大型會員招待折扣促銷活動。

（四）大型節日、節慶折扣促銷活動，例如：情人節、端午節、父親節、母親節、中秋節、元宵節、春節、尾牙、國慶日、聖誕節、教師節、勞動節等。

（五）大型抽獎、贈獎促銷活動。

（六）大型免息分期付款促銷活動。

（七）大型包裝附贈品促銷活動（買大送小、買二送一）。

（八）其他各種多元、多樣化的集點換購促銷活動。

推廣的業績成長策略

策略 1

成功的代言人策略

策略 4

成功的主題行銷活動

策略 2

成功的廣告策略

策略 3

成功的促銷活動

有效的促銷策略

1.
全面折扣戰

6.
贈送折價券、
購物金

2.
滿千送百、
滿萬送千活動

促銷策略

5.
零利率分期付款

3.
滿額贈

4.
集點換購知名產品

業績成長策略（從價格、業務組織、現場改裝策略著手）

一、業績成長策略之八：從「價格策略」著手

（一）逐步「降價策略」

例如：液晶電視機、筆記型電腦、數位照相機、手機、數位音樂隨身聽等耐用產品，基本上都呈現剛上市時的定價很高，但到第二年、第三年、第四年之後，即顯著價格下滑、降價的必然現象，此亦顯著有助於這些產品業績的大幅成長。像液晶電視機剛上市時，一臺定價至少都 7、8 萬元以上，現在大概 1、2 萬元即可買到，全年臺灣市場銷售量達 60 萬臺的規模。

（二）通吃高、中、低三種價位策略

1. 三星手機擁有高價、低價及中價位三種不同定價的手機產品，可以涵蓋更多的市場區隔及業績成長。

2. TOYOTA 汽車也有高價位的 LEXUS 汽車、中價位的 CAMRY 汽車及低價位的 YARIS、ALTIS 汽車。

二、業績成長策略之九：從「業務人員與組織策略」著手

（一）對現有業務人員展開特訓，提升其銷售技術。

（二）向競爭對手好的、強的業務團隊挖角。

（三）擴編業務組織與人力陣容。

（四）改革和改造現有業務組織結構，以符合外部環境的變化。

（五）引進現代化的資訊科技工具，供業務人員配備使用。

（六）導入 BU（business unit，責任利潤中心體制）制度，要求業務人員更大的責任制度及賞罰分明的制度，以提振業績。

三、業績成長策略之十：從「現場環境改裝策略」著手

例如：百貨公司、大飯店、餐廳、大賣場、超市及各種連鎖店等，定期改裝提高現場環境的質感及氣氛，均有助於業績提升。

小博士的話

零售商定價策略示例

以美國為例，顧客都希望從購買的商品中獲取高價值，所以，他們對價格越來越敏感。對一些顧客來說，高價值就是低價格；另一類顧客則認為只要某產品從質量或服務方面值得購買，就願意多花錢。目前，在美國零售市場上，流行著兩種對立的定價策略：每日低價策略和高／低價策略。

每日低價 (everyday low pricing, EDLP) 策略，被美國許多零售商採用。美國零售商如 Home Depot、沃爾瑪、Office Depot、Toys "R" Us 等都使用每日低價策略。這種策略強調把價格定得低於正常價格，但仍要高於其競爭者大打折扣後的價格。

業績成長的價格策略

① 全部系列產品
降價策略

＋

② 部分系列產品
降價策略

＋

③ 通路高、中、低階
三種價格策略

業績成長的銷售組織策略

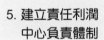
1. 提升全臺經銷
商作戰力

5. 建立責任利潤
中心負責體制

2. 更換全臺
經銷商

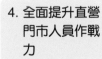
4. 全面提升直營
門市人員作戰
力

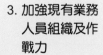
3. 加強現有業務
人員組織及作
戰力

一、業績成長策略之十一：從「CRM（顧客關係管理）策略」著手

（一）家樂福推出「好康卡」

使顧客比較忠誠地常到家樂福消費，因而獲得累積點數的現金折減優惠。

（二）誠品書店「會員卡」

享有每次九折價格的優惠，會使顧客忠誠再購。

二、業績成長策略之十二：從「進入不同新行業策略」著手

以統一超商流通集團為例：

（一）母公司：統一超商（7-ELEVEN）。

（二）子公司：統一星巴克、統一康是美、統一速達（黑貓宅急便）、統一多拿滋。

三、業績成長策略之十三：從「拓展海外市場策略」著手

以進軍我們所熟悉的「中國市場」為優先考量：

包括：統一星巴克、統一康是美、新光三越百貨、旺旺食品、大潤發、信義房屋、太平洋 SOGO 百貨、85 度 C 咖啡、永和豆漿、統一企業、味全企業、誠品書店、王品餐飲、頂新康師傅等行業，均已進軍中國市場而有不錯成果。

小博士的話

CRM 的主要手段與目的架構

CRM 的主要手段與目的可由 CRM 的「10C」架構來瞭解：

- 顧客資料：是企業對顧客整合性資訊的蒐集。
- 顧客知識：與顧客有關由資訊轉換而來，更深、更廣、更能指導 CRM 的一些經驗法則與因果關係等。
- 顧客區隔：將消費者依對產品／服務的相似欲望與需求，加以區分。
- 顧客化／客製化：為單一顧客量身訂製符合其個別需求的產品或服務。
- 顧客價值：顧客期望從特定產品或服務所能獲得利益的集合。
- 顧客滿意度：顧客比較品質後，所感覺的一種愉悅或失望態度。
- 顧客發展：對於目前的老顧客，應想盡辦法提升其對本公司的荷包貢獻度，主要有「交叉銷售」與「進階銷售」兩種作法。
- 顧客保留率（維繫率）：在於如何留住有價值的老顧客，不讓其流失。利用優秀、貼心、量身訂製的產品與服務來提升顧客的滿意度，以降低其流失率，獲取其一輩子的淨值。
- 顧客贏取率：利用提供比競爭對手更高價值的產品與服務，來吸引及獲取新顧客的青睞與購買。
- 顧客獲利率：顧客終身對企業所貢獻的利潤。

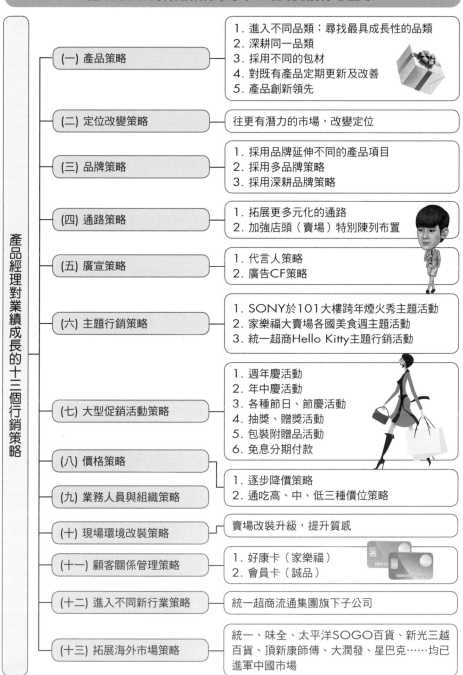

產品經理對業績成長的十三個行銷策略圖示

產品經理對業績成長的十三個行銷策略

(一) 產品策略
1. 進入不同品類：尋找最具成長性的品類
2. 深耕同一品類
3. 採用不同的包材
4. 對既有產品定期更新及改善
5. 產品創新領先

(二) 定位改變策略
往更有潛力的市場，改變定位

(三) 品牌策略
1. 採用品牌延伸不同的產品項目
2. 採用多品牌策略
3. 採用深耕品牌策略

(四) 通路策略
1. 拓展更多元化的通路
2. 加強店頭（賣場）特別陳列布置

(五) 廣宣策略
1. 代言人策略
2. 廣告CF策略

(六) 主題行銷策略
1. SONY於101大樓跨年煙火秀主題活動
2. 家樂福大賣場各國美食週主題活動
3. 統一超商Hello Kitty主題行銷活動

(七) 大型促銷活動策略
1. 週年慶活動
2. 年中慶活動
3. 各種節日、節慶活動
4. 抽獎、贈獎活動
5. 包裝附贈品活動
6. 免息分期付款

(八) 價格策略

(九) 業務人員與組織策略
1. 逐步降價策略
2. 通吃高、中、低三種價位策略

(十) 現場環境改裝策略
賣場改裝升級，提升質感

(十一) 顧客關係管理策略
1. 好康卡（家樂福）
2. 會員卡（誠品）

(十二) 進入不同新行業策略
統一超商流通集團旗下子公司

(十三) 拓展海外市場策略
統一、味全、太平洋SOGO百貨、新光三越百貨、頂新康師傅、大潤發、星巴克……均已進軍中國市場

Date _____ / _____ / _____

第十二章
暢銷商品行銷致勝策略
案例

一、產品壽命不過三週

很多在商店或大賣場擺設的新產品,經常在一個月內就不見了。有一位日本大型便利商店採購人員即表明,每年夏天在日本即有 200 種新飲料上市,但能夠禁得起考驗而存活下來的只有一成而已。更多的泡麵廠商產品開發人員則更嘆息,新產品的壽命只有三週而已,大部分都遭到下架的命運。產品短命化的現象不斷加速中。

二、「多產多死」的悲鳴

但是在短命產品週期中,仍看到廠商為了追求營收及獲利的成長目標,不斷投入開發新產品上市。新產品持續氾濫,被下架的產品越來越多,這種現象在日本零售流通業界被視為「多產多死」的慘痛現象。很多中小型廠商,甚至大廠也束手無策。最近日本的一項統計,在近五年內日本罐裝咖啡、各式飲料、巧克力及食品等,其在市場銷售的品項數均較五年前大幅增加 2.5 倍到 3 倍之多。例如:光是巧克力這個品項即從 600 個品項大增到 1,900 個品項之多,顯見新產品上市的浮濫現象。即以日本 7-ELEVEN 公司為例,去年的新產品品項數即高達 5,200 項,而第二大的 Lawson 公司,新品項數更達 6,800 項之多。換算下來,在日本便利商店實際上每週即有 100 個新品項上市。但是有很多賣不出去被下架的滯銷品,卻被批發商或經銷商堆積如山地放在倉庫裡頭,等待被低價殺出或被廢棄處理。「多產多死」在日本已成普遍化了,不只食品飲料業如此,連服飾品、家電業、日用品業等,亦均面臨著商品短命化的衝擊宿命。

三、掌握暢銷商品六大原則

在激烈競爭的商場環境中,廠商如何脫離「多產多死」、「不產又不行」的嚴厲挑戰?根據成功行銷廠商的各種經驗來看,要使新產品上市成功而成為暢銷商品,應該掌握六大關鍵成功原則。

四、做到滿足目標消費者的「五感」

很多長期或一上市即能不被下架的暢銷商品,基本上來說,它們都能被歸納出下列五種被消費者感受到的特質,我們稱之為滿足消費者的「五感」。

因此,廠商在研發、討論、設計及試作新商品時,應問問自己,我們的新產品真的能夠滿足消費者對這個產品的五感嗎?即:滿意、高級、價值、尊榮、物超所值的五種感受、感覺及評價。

五、展開必要四大基本分析

廠商對新產品開發要能真正做到前述的掌握六大關鍵成功原則及滿足消費者的五感,倒也不是件容易的事,否則新產品上市成功的比例也就不會低到只剩一成而已。因此,在這些事情之前還有一件事情必須做好,那就是在新產品研發之前或之中,必須要做好四大基本分析。

六大關鍵成功原則

① 一定要創造出或找出新產品的獨特銷售賣點(USP)或差異化特色是什麼。若不能很明確地找出來或研發出來，新產品上市就會必敗無疑。

② 上述的這些特色或賣點，必須能夠滿足目標顧客群實質上或心理上的需求，並且為他們創造出價值。

③ 在開發上市的速度上，必須能夠領先競爭對手一步。換言之，必須是創新速度的領先者，而不是跟著人家走。唯有領先一步，才能在消費者心中形成較高的品牌認知。廠商必須要以打造出知名品牌的心態，用心經營每一個新商品，必須非常慎重規劃出新商品，而不能聽天由命或是抱著試試看的態度。

④ 對打造品牌知名度的行銷廣宣費用的投入絕不可少，即使在不景氣當中仍是如此。

⑤ 廠商對已推出上市的新產品，每年仍必須定期不斷的進行改善、改良、精進及革新，包括：配方、原料、口味、包裝、設計、製程、宣傳等，要讓這個產品被感到每年都在更新。

銷費者五感

| （一）消費者在使用後的「滿意感」。 | （二）消費者在視覺上的「高級感」。 | （三）消費者在整體上的「價值感」。 | （四）消費者在心理上的「尊榮感」。 | （五）消費者在效益上的「物超所值感」。 |

四大基本分析

1. 確實做好環境變化的分析與趨勢的研判，包括：景氣動向、人口結構、家庭結構、社會價值觀、流行、社會生活型態、財經、法令、科技、環保等諸多環境變數的影響與趨勢。

2. 確實做好消費（目標顧客群）變化的分析及趨勢的研判，包括：消費偏愛、消費型態、消費心態、消費水準、消費期待、消費區隔、消費通路、消費認知、消費選擇性等，諸多消費者變數的影響與趨勢。

3. 確實做好競爭對手變化的分析及趨勢研判，包括：競爭對手的優劣勢、最新動向、行銷方式與競爭力的改變等。

4. 確實做好自我本身的各種資源、條件、政策及方向等之評估與審視，以及如何調整改變與強化改善等。

結語：成為「品牌商品」

總結來說，廠商在激烈多變的賽局中，要遠離「產品壽命不過三週」的宿命以及「多產多死」的悲鳴，一定要做好前述四項基本的環境面向分析及評估，然後掌握好開發暢銷商品的六大關鍵成功原則，並真正做到滿足消費者五種感受的完美目標。這樣必然可以提高新產品上市成功的比例，而成為暢銷商品或有品牌的商品。

暢銷商品的四大必要分析及六大成功關鍵

（一）展開必要的四大基本分析

(1) 環境變化與趨勢分析

(2) 消費者（顧客群）變化與趨勢分析

(3) 競爭對手變化與趨勢分析

(4) 本身（自我）分析

（二）掌握暢銷商品開發與經營六大關鍵成功原則

(1) 一定要創造出或找出新商品的獨特銷售賣點(USP)或差異化特色是什麼。若不能找出，新商品必敗。

(2) 這些特色或賣點，必須能夠滿足顧客需求，為他們創造價值。

(3) 在開發上市速度上，必須能夠滿足顧客需求，為他們創造價值。

(4) 要以打造出知名品牌的心態，用心經營新商品。

(5) 行銷廣宣費用的投入不可少。

(6) 每年必須定期不斷進行改善、改變精進與強化，包括：包材、配方、原料、功能、口味、製程、設計等。

（三）必須滿足目標消費者的五感（五種感覺／感受）

(1) 使用後的「滿意感」

(2) 視覺上的「高級感」

(3) 整體上的「價值感」

(4) 心理上的「尊榮感」

(5) 效益上的「物超所值感」

（四）成為暢銷商品及品牌商品

12-2　三合一黃金組合打造暢銷商品祕技

　　暢銷商品在何處？唯有不獨以企業本身的角度出發，而是以顧客、員工及企業領導者三合一的黃金組合，才能透澈瞭解市場需求。產品力是任何行銷成功的最根本基礎，企業的商品如果不具競爭力，做再多的廣告宣傳亦屬枉然。尤其是中小型企業，若將大筆經費花在宣傳不具競爭力的商品，投資報酬將難以回收。

　　小林製藥公司、ESTEI 化學公司、Honeys 服飾連鎖等三家日本中型企業，能持續不斷成長的關鍵，即在於打造暢銷且獨特的商品。他們的獨特祕技在於開發新商品時，不獨以企業本身的角度出發，而是結合了顧客、員工以及企業領導者，成為三合一的黃金組合。

案例一：小林製藥公司

（一）員工提案，人人都是創意來源

　　小林製藥是一家中型優良的日用雜貨品、衛生雜貨品及眼藥水等產品的製造廠商。即使在面對市場價格持續下滑的日用雜貨品業，小林製藥仍連續五年在營收及獲利上保持雙雙成長。針對日用雜貨品開發上市，小林製藥分為五個階段：(1) 創意提案；(2) 概念立案與完成試作品；(3) 銷售戰略規劃檢討；(4) 新商品製造與上市銷售；(5) 營收及獲利擴大。

　　小林製藥總經理小林豐表示：「嶄新的創意是公司經營持續致勝的關鍵所在，而小林製藥多年來新商品的源頭就是全員參加經營的創意提案企業文化。」近一、兩年來，小林製藥暢銷的芳香除臭劑、眼藥水、排尿改善用藥等，均是由員工創意提案所產生的。所有員工均可以依公司制式的商品創意提案書面格式撰寫，然後交到品牌行銷部門彙整、分析及評估處理。

　　每月定期舉行一次兩天一夜「創意合宿」討論會，主要由行銷部門人員及中央研究所的商品技術人員為主力，針對這個月收到的商品開發主題及項目召開深度討論及辯證會議。經過第一天內部深入討論後，第二天則整理出本月預計開發的商品項目、內容說明、原因分析、市場利基、產品特色、製造、行銷策略規劃等，然後向總經理及各部門副總經理級主管做簡報提案及討論，最後做成是否列入新商品開發的決議裁示。

　　小林豐表示：「小林製藥成功法則是盡可能在產品市場上避開與花王 (Kao)、P&G 等大廠正面對戰，而是找比較小的利基市場切入，然後以產品獨特性及開發速度獲取較高市占率。」事實上，這正是小林製藥推出的商品能深受消費者喜愛的原因。過去，小林製藥新商品上市的營收額已占全部營收額的 35%，對公司的貢獻占有重要地位。

小林製藥對員工創意提案亦採取成果獎勵措施，最具貢獻的提案，員工可以獲得 100 萬日圓的特別獎金。此外，也將員工的提案績效與他們的年終人事考評、薪資、獎金等產生連結效應，以此塑造小林製藥人人都是創意來源的深厚企業文化。

　　當然，在過往經驗中，小林製藥也注意到了新品項及品牌過多的不良弊端。因此，他們不為新商品而做新商品，而是將新商品開發數及品牌數控制及聚焦在某個適當的規模內。例如：目前每年新商品上市數量已從五年前的 40 個，降至最適當的 20 個。而在總品牌數上，亦從五年前的 160 個降到目前的 120 個。小林製藥的商品開發政策及經營資源是聚焦在對既有商品的不斷有效革新，以及對有力及具利基競爭優勢的主題性新商品開發等兩個主力方向上。

☞ 小林製藥做了什麼？

- 全員參加經營的創意提案企業文化。
- 每月定期舉行「創意合宿」討論會。
- 對員工創意提案採取成果獎勵措施。
- 尋找比較小的利基市場切入。
- 將新商品開發數、品牌數控制及聚焦在某個適當的規模內。

（二）小林製藥暢銷商品開發五階段

1. 創意提案

(1) 已連續二十五年全體員工參加「提案制度」。

(2) 每月一次舉辦兩天一夜的「創意合宿」會議。

(3) 從 2,003 名員工中蒐集新商品創意，每年約二萬件提案。

(4) 每年從顧客端蒐集顧客聲音及意見四萬件。

2. 概念立案及完成試作品

(1) 由中央研究所及品牌經理負責新產品的企劃到開發完成。

(2) 將試作品交給 600 人固定顧客群試用，並展開家戶訪談及小型焦點座談等調查機制。

(3) 平均十二個月即完成新商品開發（從創意到商品上架銷售）。

3. 銷售戰略規劃檢討

(1) 以品牌管理為中心，展開各種行銷企劃活動，包括：商品命名、廣告宣傳規劃、媒體公關規劃、通路布置、價格訂定、行銷支出預算、營收預估等。

(2) 由 300 人的營業團隊，負責全國營收較大的 8,300 個店面、賣場的安排及促進銷售。

4. 新商品製造與上市銷售

(1) 有些商品為控制設備投資，故初期均委外生產。

(2) 正式上市銷售

· 每年有 15 個新品項上市銷售，占全年營收額 10%。

· 每四年內的新商品上市銷售額，則占全年總營收額 35%。

5. 獲利提升

(1) 在一段時間後，若產品能獲利，即改為內製、減少外製。

(2) 行銷策略因應環境而不斷的調整應變，要求達成預估業績目標。持續改善及降低製造成本。

 案例二：日本 ESTEI 化學公司

（一）賣場走透透，五感分析瞭解顧客

ESTEI 化學公司是日本中型的化學日用品公司，總經理鈴木喬是一位行動派總經理，為了商品開發的創意，經常自己一個人每天抽空到零售賣場瞭解、查核及探索商品新創意的來源及想法。

該公司近來上市的 Air Wash 新品牌芳香消臭劑業績不錯，鈴木喬每天到賣場向店長、店員及消費者詢問問題及蒐集情報，也瞭解競爭對手的新商品陳列狀況、定價、促銷活動、包裝，以及消費者為何選用的原因等。當然，他也會詢問消費者為何買或不買自家產品的原因。

不少人質疑總經理應該坐鎮在辦公室，聽取屬下報告即可，根本不需要到賣場走透透，但鈴本喬拒絕這種方式，他說：「如果我不在賣場，我就會覺得不安，到現場去視察是我的精神安定劑。從賣場中可以培養出自信的判斷力，激發出一些行銷創新的 idea 以及提升危機意識與革新原動力。」

鈴木喬總結他對商品開發及行銷決策源自於三項的組合，除了每週 POS 系統的營業統計結果以及營業日報表系統的文字分析說明之外，自己在各賣場親自觀察與思考也是其中很重要的因素。

鈴木喬認為僅憑 POS 資料分析是不夠的，應該再加上「五感分析」，亦即要親自看到、聽到、聞到、問到及摸到才可以。唯有經過扎實的五感鍛鍊，才會增強商品開發討論及行銷決策判斷能力，這絕對不是每天坐在辦公室看營業數據及營業檢討報告所能達成的效果。

☞ ESTEI 化學公司做對了什麼？

· 到賣場向店長、店員及消費者詢問問題及蒐集情報。

· 現場視察激發出行銷創新 idea。

· 報表數字之外，再加上五感分析。

（一）顧客＝店員，第一現場商品開發員

Honeys 是日本一家中型的平價女裝服飾連鎖店，以 15~25 歲年輕女性為目標顧客群，全日本已有 400 家店。該公司的獨特商品開發祕技，也是集中在 400 家連鎖店上千個店員身上。由於他們的年齡幾乎都在 25 歲以下，與顧客群相似，公司要求他們每週一次把想要的、喜歡的，及看過的服裝、皮包、配件、飾品等 idea 寫下來或蒐集起來彙整到總公司，然後由各營業區督導及總公司商品開發人員和行銷人員三方匯聚召開「商品企劃會議」。每週平均要決定 70 個新產品品項，再將設計式樣、材質要求、裁剪規格等，發往中國大陸工廠縫製。從商品企劃到上架銷售僅需四十天，完全符合「流行行業」的快速特質。

Honeys 公司經總理江尻義久認為：「聽取店員的聲音是本公司商品開發的起點。因為這上千個店員每天都接觸到更多的消費者，瞭解自己、也瞭解消費者，所以走在流行的最前端。」傾聽顧客的聲音固然重要，但他認為在快速變化的服飾產業，顧客就等於店員，因此，他們都是公司分布在第一現場的最佳商品開發人員，也是公司不斷快速成長的支柱力量。

（二）成功關鍵：三合一黃金組合

在商品開發上長期以來，大家都知道要做到顧客導向，也都明瞭針對顧客做各種市場調查的重要性。但這還不夠，公司內部員工其實也是理想及合適的商品創意開發有力來源，如何透過有效的管理與激勵機制，以開發出員工的商品創意潛力，這是未來企業努力的方向之一。

另外，商品開發主管、行銷主管及高階領導者本身，也都應該經常到第一線營業據點、門市及零售賣場，觀察、詢問、思考及分析所有的現場情報，包括：競爭對手、自身公司、消費者等 3C (competitor, company, consumer) 面向的所有最新發展與變化。唯有以腳到、手到、眼到、口到、耳到等親自五到與五感，才能全方位提升行銷決策與經營視野能力。

☞ Honeys 女裝做對了什麼？

- 聽取店員聲音作為商品開發的起點。
- 每週彙整員工的相關 idea。
- 每週召開「商品企劃會議」決定新產品品項。
- 從商品企劃到上架銷售僅需四十天。
- 瞭解自己，更瞭解消費者。

12-3　長銷商品的撇步

　　消費者是善變的，想要維持某商品長期銷售不墜是十分困難的，但這樣的例子不是沒有。能夠隨時掌握消費者喜好、強化核心利益，就可在市場上占有一席之地，走進消費者心中成為永久的長銷商品！最近，日本商業雜誌針對在日本上市銷售二十年以上的長銷商品做了一項調查，結論顯示：長銷商品大都擁有兩項共通的本質。

　　1. 對消費者嗜好與市場環境快速的變化，能夠及時掌握並且快速的應對。

　　2. 對消費者的核心利益 (core benefit)，能夠非常明確而且不斷強化。所謂核心利益，即指廠商對消費者所提供的商品及服務，必須真正能夠帶來價值。例如：這東西真的好吃、這個產品藥效佳、這種服務真舒服、這種設計真好等。

　　事實上，所有長銷商品並不是幾十年一成不變的，它們也經常進行商品改良與包裝改良。但重要的是，商品改良必須站在「顧客的觀點」及「顧客的情境」上，並反映出這種改良是符合及滿足消費者不斷改變中的需求及欲望才可以。另外，在嚴苛的商業競爭環境中，我們必須打出與競爭對手有所差異的商品。

　　總而言之，長銷商品的廠商及行銷人員每每都要回歸原點，不斷地問自己：「究竟這種商品的核心利益何在呢？消費者為什麼會挑選它？」唯有這樣不斷地反省及改善，才能產生出永久的長銷商品。

一、各大便利商店長銷型商品

　　目前國內各大便利商店的商品結構，鮮食類大約占了 10%~15%，而其他商品則約占 85%。每年便利商店都會下架換新 700 至 800 種品項，但在營業中約有 10% 則屬於商品生命週期超長，上架後五年、十年就再也沒有被換下來。這種長久受歡迎且成為習慣性購買的品牌商品，我們即稱為長銷型、長效型或長壽型商品（如下頁表格列舉的便利商店十年以上長銷商品）。

　長銷商品案例一：日清泡麵

　　日清泡麵是日本第一大速食麵廠商，該公司在 1971 年開始販售日清杯麵，累計約四十多年來該單項商品已達 2,000 億日圓的銷售額，經歷數十年的銷售長青歲月。該公司品牌經理分析該商品長銷之原因如下：

　　1. 採行品牌經理制度，彼此之間競爭激烈，每一個負責的品牌經理都設法讓自己的品牌能夠得到佳績。這種從商品開發、原料採購、宣傳廣告及損益分析等全方位責任之下，使商品壽命能夠在專人照顧下有效延長。

　　2. 在品牌形象與知名度方面，每年仍持續一定量的廣告宣傳費，以提醒顧客的記憶度及忠誠度。

3. 在商品方面，持續不斷進行改良換新，並加強「鮮度感」之訴求，吸引消費者。

4. 在副品牌方面 (sub-brand)，每年大概會推出 1~3 個副品牌商品，以延伸產品線的完整，並推陳出新保持消費者所想要的新鮮感與換口味之需求。

該公司每個月均會舉行一次品牌經理會議，並把全日本各地分公司業務主管召回東京總公司，透過品牌經理與地區銷售經理的主動討論，以掌握市場、銷售及損益最新動態。

銷售超過十年以上的便利商店長銷商品

公司	商品
7-ELEVEN	乖乖、統一麥香紅茶、小美冰淇淋、統一麵、箭牌口香糖、舒跑、森永牛奶糖
全家便利商店	來一客泡麵、蝦味先、可口可樂、伯朗咖啡、黑松沙士及汽水、德恩奈漱口水、黑人牙膏、蘋果西打
萊爾富	養樂多、77 乳加巧克力、加倍佳棒棒糖、紅標豆干、掬水軒營養口糧、小美冰淇淋

資料來源：各業者。

長銷商品案例二：寶礦力運動機能飲料

由日本大塚製藥所生產的寶礦力運動機能飲料，1980 年上市銷售以來，單項產品的累計營收額已達 1,400 億日圓，成為機能飲料中的長壽商品。寶礦力帶給消費者的核心利益，就是具有補充身體水分的機能飲料，包括在運動後及各種長途搭車、飛機旅途中均適合飲用。最近還被公布此種飲料對搭飛機有防止血栓作用，很適合心臟病患者飲用。寶礦力商品在包裝變化方面，有鋁罐裝、保特瓶裝等大小不同容量的包裝，適合大人、小孩飲用。

長銷商品案例三：本田 50c.c. 機車

本田機車公司從 1958 年生產上市本田 50c.c. 女性機車以來，已歷經約六十年之久，累計在全球已銷售出 3,000 萬臺本田 50c.c. 機車。數十年來，本田 50c.c. 機車歷經多次產品革新改善，包括如何使車身更輕巧、馬達更有力、排出廢氣減少、更加省油，以及設計更美觀等。就是由於本田機車公司的研發人員，堅持從「顧客觀點」力行產品改良，終能得到消費者的認同及肯定，這是創造產品長壽的根本所在。

長銷商品案例四：乖乖零食

　　乖乖公司成立於 1968 年，經營五十多年，其中的商品——乖乖，是許多人成長的重要零食之一。這項長青商品近年來不斷擴大產品線，光乖乖就有五種口味，包裝也不斷換新。乖乖產品橫跨餅乾、糖果巧克力、零食及禮桶類等四大項目。乖乖是超過五十年的老牌零食，大人、小朋友都愛吃。

長銷商品案例五：箭牌口香糖

　　口香糖是便利商店長銷商品之一，一年有將近 20 億元的產值規模。目前留蘭香企業的美國箭牌系列商品，有青箭、黃箭、白箭等，以及後來的 Airwaves、Extra 等，囊括市場七成以上占有率。箭牌口香糖在全球銷售已逾百年，在臺灣也有逾四十年歷史。

長銷商品案例六：伯朗咖啡

　　伯朗咖啡銷售年資超過三十年，每年的罐裝咖啡市場將近有 50 億元規模，而伯朗咖啡就占了一半以上，廣告也因口味不同而訴求不同族群。伯朗咖啡以具有人文訴求及年輕化的廣告，成功打動消費者，而廣告中最後一句話「Mr. Brown~ 咖啡！」也成為廣告的經典名句。

二、長銷商品命名三原則

　　綜合各國的長銷商品，其品牌命名非常重要，通常應具備三項原則：

　　1. 品牌（名）的「獨特性」，讓人一聽就很容易記起來，具有特殊性。

　　2. 品名的「共感性」，能夠觸動消費者的視覺、聽覺及心覺，而能深入消費者的內心深處，具有心象占有率 (mind share)。

　　3.「一貫性」，亦即品名要有統一的鮮明感與一致性，不宜改來改去。

　　至於長銷商品的包裝色彩方面，較適合以白、青及紅三種色彩做設計。因為白色代表清潔感，青色代表信賴感，紅色代表健康精神等意義。

三、流行商品明星代言效果佳

　　長銷商品固然重要，但是消費者喜新厭舊的個性仍會反映在消費行為上。因此，廠商或便利商店經常要推陳出新，並且善用超人氣偶像歌手的代言行銷手法，以創造流行話題。例如：在日本，由早安少女組代言的泡麵或松浦亞彌代言的文具系列商品等，都造成不錯的銷售佳績。

　　而在臺灣，統一超商與超人氣偶像歌手 SHE，共同參與策劃推出「SHE 私人料理」的系列商品，合計橫跨八大類共 26 種商品，包括零食、飲料、米飯、甜點、

速食、泡麵、通訊（電話卡）等，以吸引廣大的歌迷朋友來尋寶，同時訴求短期限量銷售，讓消費者有新鮮感同時帶動銷售熱潮。此外，全家便利商店也找來五月天歌手代言飯糰，以男子團體訴求大飯糰期望能吸引年輕族群的購買。

四、打造長銷型商品的行銷模式

綜合上述說明，筆者構思重整出如何打造「長銷、長賣型商品的完整行銷模式」(marketing model of creating longer selling product)，如下圖所示。

此行銷模式的意思，主要是先從消費者及競爭對手兩方面變化分析起，然後把思考回歸原點，真正省思顧客的觀點與情境。接下來則是思考行銷活動的兩大原則與本質，亦即應將重心放在如何增強消費者的核心利益上，並不斷地強化。最後，要展現執行力必須透過「藝、製、販大同盟」與「商品改良」實際行動，終將有效打造出可大可久的長銷型及長壽型商品。

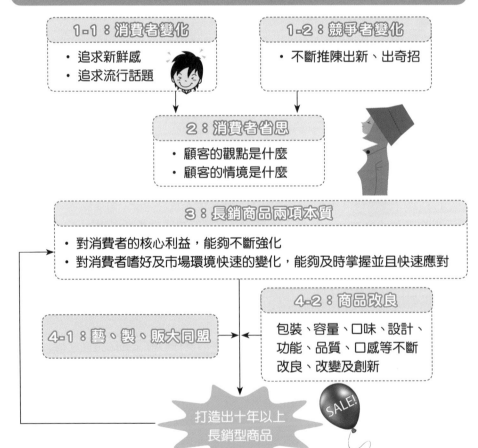

打造長銷型商品的行銷模式關聯圖

1-1：消費者變化
- 追求新鮮感
- 追求流行話題

1-2：競爭者變化
- 不斷推陳出新、出奇招

2：消費者省思
- 顧客的觀點是什麼
- 顧客的情境是什麼

3：長銷商品兩項本質
- 對消費者的核心利益，能夠不斷強化
- 對消費者嗜好及市場環境快速的變化，能夠及時掌握並且快速應對

4-1：藝、製、販大同盟

4-2：商品改良
包裝、容量、口味、設計、功能、品質、口感等不斷改良、改變及創新

打造出十年以上長銷型商品

SALE!

12-4　掀開商品開發力的成功祕訣

一、強化商品的開發力

　　商品開發力是行銷活動的啟動引擎，因為如果沒有「商品競爭力」，那麼任何廣告宣傳費用的花費，最終會發現都是浪費的。因為最好的廣告其實就是「產品自身」，廣告 CF 只不過是強化形象的視覺效果而已。

 案例一：日本 7-ELEVEN 的商品開發祕訣

　　2003 年 8 月，日本 7-ELEVEN 已突破 10,000 家店，成為全球突破萬店榮耀的唯一國家。日本 7-ELEVEN 在「自有品牌商品」(private brand, PB) 的開發方面，領先全日本零售業。2003 年前，日本 7-ELEVEN 的 PB 商品占 37% 的營收額結構比率，2011 年 1 月將可提升到 52%，正式超過 NB 商品（national brand，全國性製造商品牌）。其實早自 1993 年起，便利連鎖商店即呈現成熟飽和狀態，全日本各店的平均營收額已略呈下降趨勢。但是日本 7-ELEVEN 的毛利率卻反而增加 1.2%，這主要就是 PB 商品較高毛利率的貢獻挹注。日本 7-ELEVEN 的 PB 商品開發，已使該公司成為具有「獨特性」與「差異化」商品的領先型公司。

　　2003 年日本 7-ELEVEN 上市的「凍頂烏龍茶」即非常成功，二個月內賣出 800 萬瓶飲料。這是因為它採用來自中國原產地的烏龍茶葉，精緻調配而成的茶飲料，與日本所產的烏龍茶飲料口味方面有顯著不同。此外，日本 7-ELEVEN 亦與日清食品公司共同尋找全日本各地拉麵飲食名店，推出名店系列的速食麵，也有不錯的銷售業績。日本 7-ELEVEN PB（自有品牌商品）的開發體制，稱為 team merchandising（團隊商品開發體系），簡稱為「MD」。他們從市調開始到商品概念、具體商品規格、技術考量、試作成品試吃、行銷促銷計畫及最後上市銷售等一系列的作業流程與機制，是非常縝密細緻、深度投入與顧客導向的。下面為日本 7-ELEVEN MD 人員在每週商品開發過程中的層層關卡會議狀況：

👉 日本 7-ELEVEN 商品開發作業流程管控

- 某週一早上：新商品開發小組 (team) 試吃大會──team 成員，全員試吃評價。
  某週一下午：MD 會議──將便當、加工食品、雜貨品等商品部門的商品開發人員集合共同檢討，並邀請其他相關部門人員參與確認。
- 某週三早上：FC 會議（加盟店主會議）──邀請 FC 店主參與新商品政策的討論，由 MD 人員主持。
  某週三下午：team 內就 MD 會議與 FC 會議所出現的問題進行討論改善，並且對商品開發進度加以確認。

日本 7-ELEVEN 商品開發過程中，有一項很重要的是對「目標品質」設定，即對於所謂「好吃的」、「口感極佳」的形容詞，必須有客觀的數值目標訂定。例如：拉麵商麵條的「彈力」根據測定要求；再如煎餅與米果的「硬度」指標測定，以及「米飯」的「柔軟黏度」指數測定目標要求等。此外，為了達成這些好吃的指標數值，日本 7-ELEVEN 要求廠商必須添購最新最好的製造設備。日本 7-ELEVEN 的 MD 人員達到 60 多人，這些人員即負責該公司高毛利率自有品牌商品開發的重責大任，並充分與各相關部門及供應商密切配合，然後透過不斷的「試作」與「試吃」，才會有不斷超人氣的熱賣商品出現。同時，這也是日本 7-ELEVEN營收不斷成長的根本所在。

案例二：日產（NISSAN）汽車的商品開發祕訣

　　日產汽車法國籍執行長高恩在 2000 年時導入新的組織變革，打破過去縱向本部組織架構，成立「矩陣式」組織架構。特別是在新車型商品開發的組織制度方面，改變尤具革命性。高恩執行長打破過去以「商品部主管」為主的舊制度，而改以「任務導向」專責的與賦予最大自主權力的「矩陣式」商品開發專案小組組織。例如：日產汽車在 2003 年成功推出的小型車 (CUBE)，就是由跨部門的「5 人小組」負責。該 5 人小組調派具有不同專長功能背景的優秀人員組成，包括產品企劃、設計、生產、銷售及損益分析管理等五種特異功能的跨部門人員。並由專責此新型車損益分析的主管擔綱總負責人，稱為 program director（專案負責人，簡稱 PD）。此 PD 的權力非常高，他只對負責商品開發領域的執行董事及執行長負責，不受他在原有部門主管的牽制。

　　高恩還鼓勵這種矩陣式任務導向組織，必須充分辯論，不要有過去一言堂的虛假，而要實現「健康的衝突性」，才會有成功的創意產生，這也才是新生的日產汽車公司所需要的組織文化與商品開發創新成功的機制。專責CUBE 小型車開發的 5 人核心小組及 25 人團隊成員，為了研發這款專為年輕人購買使用的汽車，耗費二個多月，經常到年輕人聚集的遊樂區、滑冰場、海灘、KTV、PUB 等場所，訪談至少 1,000 人次以上年輕人的想法與需求，然後才把 CUBE小型車的概念確定。該車款上市二週內，即有8,000 輛銷售佳績，這是導入矩陣式與高權力的專案 5 人商品開發核心小組變革帶來的新成果。

案例三：伊藤榮堂購物中心的商品開發秘訣

與日本 7-ELEVEN 是同一個關係企業的伊藤榮堂購物中心，也是日本最大零售流通集團。董事長鈴木敏文鑑於近幾年來，日本各大賣場銷售的服飾品，幾乎 80% 從海外輸入，其中 80% 又是以中國生產的低價產品為主軸。為突破此種割喉低價局面，鈴木敏文發動了一場號稱為「質優價高日本製商品」(Made in JAPAN) 的「價值策略」。鑑於日本中高年齡顧客仍對日本製品有很高的信賴感，雖然價格高幾千日圓但仍會買其價值。因此，發動該公司 100 人商品採購人員，先在網站上召募日本優良生產技術廠商共襄盛舉，以高品質與愛護日本的 Made in JAPAN「價值訴求」為戰略。接著展開全日本 35 個製造產地及 176 種主要品項，以及 1,000 名顧客調查，瞭解他們對「Made in JAPAN」質優價高產品的期待內涵，並由伊藤榮堂公司商品開發人員與產地廠商共同開發該公司賣場的獨家販售新商品。

例如：他們共同開發出 15,000 日圓男性公事包的優質產品，價格雖然比低價產品還貴 5,000 日圓，依然頗為暢銷。這種優質日本製商品，是伊藤榮堂公司與產地的縫製廠、生產廠及原料廠等四家共同商品企劃、設計、試作、材料採購及銷售計畫的嚴謹程序所獲致的成果。茲圖示其關係如下：

👉 伊藤榮堂公司與生產廠商共同合作開發新商品圖

伊藤榮堂公司商品開發人員 (MD)

· 商品提案：尺寸、色彩、設計、功能的明細指示（對廠商）
· 提供 OEM 承製品

伊藤榮堂公司銷售部門 ⟷ 日本國內優良生產廠商

鈴木敏文最近更宣示打破伊藤榮堂購物中心的產品結構，必須盡可能與其他競爭對手所賣的產品有所差異，否則會陷入低價惡性競爭的後果。所以，他提出的名言是：「打破全日本店的一律化商品」，其意是指伊藤榮堂全日本 177 家大型零售據點的商品，必須與競爭者有差異化及獨特性才可以。

案例四：日本花王公司商品開發祕訣

　　日本花王公司社長後藤卓也，對於日本花王公司連續十二年營收額均能持續保持正成長的佳績，完全歸功於該公司高度重視新商品開發率，以及超人氣成功商品不斷推陳出新。此成為抗拒日本十二年來持續低迷景氣的最佳寫照。日本花王公司有六個不同功能的商品開發研究部門，以及六個不同功能的基層技術研究部門，但在面對同一個最新產品開發任務時，則成立一個共同派人加入的「同一個屋簷下」的專案工作小組，此即強調打破原有組織界限的任務導向小組，並以「成果主義」為至高要求。花王公司對於新產品成功上市，頒發該小組最高 1,000 萬日圓（約新臺幣 300 萬元）的團隊獎金，然後由小組成員再依功勞分配。

　　日本花王公司每年度商品研究開發費用，占總營收額比率達 4%，足見

對商品開發的重視。該公司最有名的清潔劑品牌，已經進行二十次的產品與包裝改良任務，單一品牌經常保持新鮮，否則產品壽命很短。而在這過程中，花王公司亦很重視市場調查，包括各種電話訪問、家庭實地訪問、焦點團體座談會、網站意見蒐集等，務必周全與正確的蒐集目標顧客群真正不滿意項目與新需求的發現，而能提高新商品上市的成功率。

案例五：日本 Mantamu 男性美髮美容用品公司商品開發祕訣

　　日本知名男性美髮美容用品公司 Mantamu，主要是透過內部所謂的「情報卡」，全年從日本各地營業店面傳送而來的訊息情報高達「五萬件」，這等於是在第一線營業的該公司員工傳遞的五萬個情報。這些情報卡內容包括：對商品改良、賣場改良、消費者意見，以及競爭對手動態等最新情報，每天都會從全日本各地湧到東京總公司的社長辦公室。這些員工所撰寫的大量情報內容，比現有的 POS 電腦系統還要完整與更具質化見解，因為 POS 只能提供一些結構比率與銷售金額概況，但是對於如何詮釋這些數字背後的內涵意見與決策看法則並無幫助。因此，「POS ＋情報卡」才是二合一的最佳營運決策與商品力的來源。該公司每天也會立即整理有意義的情報內容，刊登在「情報卡速報」，隔天立即傳達給其他的營業據點，以求達到「情報共有化」的最高目標。

二、商品開發力成功的三項關鍵點

　　從各家日本公司商品開發的成功經驗來看，筆者可以歸納為三項關鍵點：

　　（一）商品開發的組織變革是必要的，而且必須採取專責開發小組，並賦予高度權力，透過跨部門、跨單位組成的矩陣式商品開發專案小組，可以有效打破既有組織的官僚與一言堂，形成有創意的任務組織，打破傳統組織框架，可將組織成員的潛能發揮到極致。

　　（二）商品開發是情報→假設→檢證（行動證明）的重要機制循環。而其重要前提在於商品開發要有很強的、正確觀點的、甚至是未來前瞻性的「情報力」才行。如此才會有正確的假設，然後檢驗的成功率也才會提高，而降低失敗率。因此，公司如何透過「POS 系統」、「情報卡」、「客服中心意見匯總」，以及各種量化與質化的「市調」作業，以獲致新鮮的情報將是一種內功的培養。

　　（三）PB（自有品牌）商品持續開發上市，力求創造與競爭對手的產品線差異化及獨特化，將是避免低價戰爭的最佳對策方案。透過強而有力的 MD 人員與各知名廠商的聯手緊密合作共同開發新商品，才可以不斷創新營收與獲利的成長，這也是領先對手的有力武器所在。日本 7-ELEVEN 現在已喊出一萬的「各店主義」，亦即在日本不同地區、不同都會鄉鎮、不同地點與不同時節，各店的商品構成內容也都要有不同的變化，才能滿足不同的消費者。

結語

　　　心中永遠沒有「滿足」二字，而且永存「危機意識」。

　　　世界第一大、也是日本第一大的日本 7-ELEVEN 董事長鈴木敏文曾指出，在他的心中永遠沒有「滿足」二字的存在。因為一旦滿足了，就代表事業不會再成長、獲利不會再增加，以及競爭力停止進步。而日本花王公司後藤卓也社長也提出花王連續十二年的正成長佳績，其根本主因就是該公司數十年來的總社訓：永存「危機意識」，然後就會不斷設定新的挑戰與領先的目標，並且努力去達成。日本花王的成功，就是在這種社訓理念下一步一步奠基而成的。

　　　是的，商品開發的成功正是行銷活動成功的啟動引擎。不論是最高經營者或是行銷主管或是 MD 主管，心中永遠沒有「滿足」二字，而且永存「危機意識」，將是成功不墜的最佳守則與信念。

Date _____/_____/_____

附錄

一、引言

(一) 產品力的重要性

1. 「產品」是行銷 4P 組合之首

2. 「產品」是行銷致勝的根基

(二) 「產品力」是企業經營致勝的根基

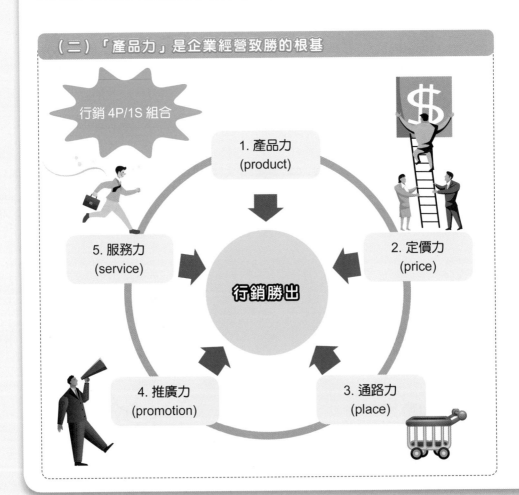

行銷 4P/1S 組合

1. 產品力 (product)

2. 定價力 (price)

3. 通路力 (place)

4. 推廣力 (promotion)

5. 服務力 (service)

行銷勝出

（三）產品力很強的公司

賓士汽車	林鳳營鮮奶	捷安特自行車	LV 精品
BMW 汽車	茶裏王飲料	象印熱水瓶	CHANEL 精品
LEXUS 汽車	舒潔衛生紙	膳魔師隨身瓶	GUCCI 精品
三星 Galaxy 智慧型手機	SK-II	日立、大金冷氣	Cartier 珠寶鑽石
蘋果 iPad 平板電腦	蘭蔻	Panasonic 家電	SONY 智慧型手機
星巴克咖啡	資生堂	大同電鍋	晶華大飯店
花旗信用卡	101 精品 百貨公司	可口可樂	哈根達斯冰淇淋
桂格燕麥片	手機 Line	王品餐飲連鎖	UNIQLO 服飾

（四）產品力很強的意涵

- 1. 高品質的
- 2. 物超所值的
- 3. 高性價比、高CP值的
- 4. 歷久不衰的
- 5. 高滿意度的
- 6. 口碑極佳的
- 7. 高耐用的
- 8. 不斷創新的
- 9. 流行時尚的

產品力強大

1.	定價力	➡	差異不大，定價不會常改變
2.	通路力	➡	大品牌都能上架
3.	推廣力	➡	有行銷預算，就能做得出來
4.	服務力	➡	差距不大，大家水準都很好
5.	唯有產品力	➡	差距較大、變化較大

（六）小結

產品力 ＝ 企業生命的核心點與行銷致勝關鍵點

二、四大單位共同負責、產品力不斷提升

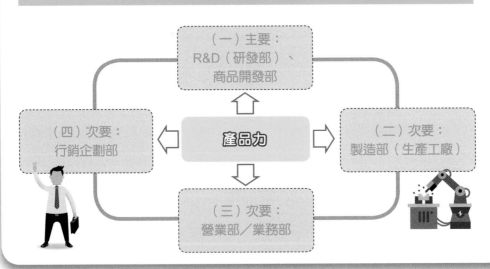

（一）主要：
R&D（研發部）、
商品開發部

（四）次要：
行銷企劃部

產品力

（二）次要：
製造部（生產工廠）

（三）次要：
營業部／業務部

三、產品力好自然就會產生好的口碑

例如： 王品、陶板屋、西堤、石二鍋、85℃、星巴克、DR. Wu、晶華酒店、君悅飯店、Line 等很少做電視廣告

最好的「廣告」

就是「產品」自身

四、高品質「產品力」六大要素

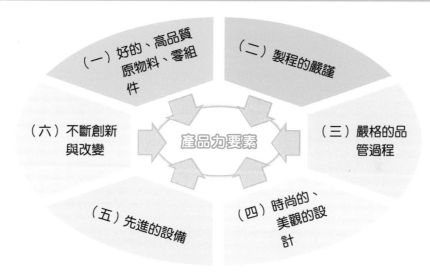

（一）好的、高品質原物料、零組件

（二）製程的嚴謹

（六）不斷創新與改變

產品力要素

（三）嚴格的品管過程

（五）先進的設備

（四）時尚的、美觀的設計

五、從「顧客導向」看產品力

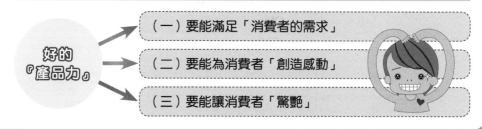

好的「產品力」

（一）要能滿足「消費者的需求」

（二）要能為消費者「創造感動」

（三）要能讓消費者「驚艷」

215

例如：王品集團三「哇」行銷哲學

1. 哇！好好看！
2. 哇！好好吃！
3. 哇！好便宜！

六、好產品如何歷久不衰

（一）歷久不衰

3. 產品不斷升級，不斷進步

2. 堅持高品質

4. 不斷找最佳代言人

1. 不斷改善、不斷創新產品

5. 廣宣手法不斷創新

（二）歷久不衰的產品（50年～150年）

賓士轎車	SK-II	櫻花
迪士尼樂園	資生堂	舒潔
TOYOTA 汽車	CHANEL 精品	黑人牙膏
LV 精品	GUCCI 精品	統一麵
Dior 精品	花王	可口可樂
雀巢咖啡	BMW 汽車	巴黎萊雅

七、產品力根源：敢於投資在R&D上面

R&D
研發費用投資

→ 占全年總營收
3%~10%

→

1. 延攬、招聘優秀的研發
   與技術人才

2. 購買最先進的研發實驗
   設備

3. 訂定研發及產品開發目
   標數據

如：

年營收額 100 億元
× 5%
─────────────
研發費用 5 億元

案例

(1) P&G 全球最大日用品公司研發費用 　➡　占全球營收 5%

(2) 雀巢最大食品公司研發費用 　➡　占全球營收 6%

(3) 聯合利華研發費用 　➡　占全球營收 5%

(4) 韓國三星研發費用 　➡　占全球營收 8%

八、全球性大公司的經營良性循環

(1) 公司獲利賺錢

(2) 拿錢出來，再投資
於研發費用及徵聘
優秀研發人才

(3) 產品不斷創新
及領先

(4) 產品在市場競
爭力就更強

(5) 全球品牌地位
持續保持

獲利→研發→再獲利→再研發

> TOYOTA、BENS、BMW、台積電、三星、P&G、聯合利華、桂格、萊雅、可口可樂、Line、Google、FB、LV

每年公司 獲利賺大錢	→	每年拿出大錢 投入在研發上	→	產品更加創新 及領先	→	市場上 賣得更好

九、優秀人才是研發力強大的根本

1. 研發人才團隊強大（好的薪水、好的獎金、好的福利、好的紅利，才能吸引好的人才）

2. 產品研發力才能強大

3. 最終，產品在市場行銷力才能強大

十、什麼才算是「好產品」

七個好

1. 好用
2. 好常用
3. 好行銷
4. 好成長
5. 好毛利
6. 好營運
7. 不好抄襲

十一、產品力的研究課題

（一）所以，要深入瞭解

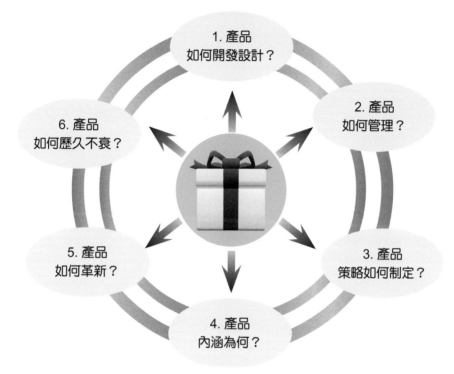

1. 產品如何開發設計？
2. 產品如何管理？
3. 產品策略如何制定？
4. 產品內涵為何？
5. 產品如何革新？
6. 產品如何歷久不衰？

（二）因此

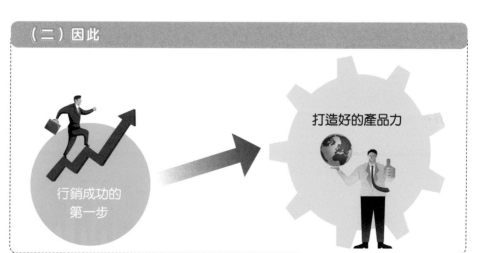

行銷成功的第一步

打造好的產品力

案例一　聯合利華的商品開發

一、聯合利華主要品牌

AXE	Dove 多芬	Lipton 立頓
熊寶貝	飲食策劃	CLEAR 淨
LUX 麗仕	POND'S 旁氏	白蘭
康寶	Vaseline 凡士林	Rexona 蕊娜
mod's hair		

二、聯合利華：大筆投資全球研發體系三級制

（一）全球	（二）區域	（三）各國／各地
五大研發中心	全球 13 個區域性產品開發中心	全球 35 個各國產品應用中心
荷蘭、英國、美國、印度、中國上海		

在世界各地設有研發機構，時刻洞悉消費趨勢及迅速應對瞬息變化的消費者需求。

全球 6,000 名研發人員

三、聯合利華創新求進

 創新求進是驅策聯合利華成長的動力及事業的血脈，我們擁有比競爭者迅速為市場帶來更遠大創新的能力，未來前景無可限量。

（一）三者合一串聯

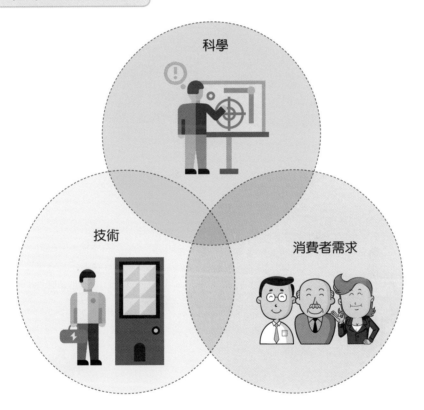

科學

技術

消費者需求

（二）創新與改良並進

① 創新（新產品與組合）

② 改良（更新現有產品）

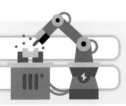

四、聯合利華的研發領導地位

支撐聯合利華品牌屹立一百餘年的骨幹就是科學與技術。

聯合利華

每年投入 400 億元
研發經費

每年平均提出 300 件
新產品專利申請

（一）不斷創新求進

創新求進

驅動聯合利華
成長的動力

領先競爭對手

（二）創新＋研發

| 創新 | ➡ | 被視為是重要的一項投資 |
| 研發 | ➡ | 用創新嘉惠消費者 |

（三）關鍵 ── 創新專利技術的開創與應用

面對全球
激烈競爭

不斷推陳出新

不斷改良既有產品

創新專利技術的
開創與應用

- 滿足消費者變動的需求
- 提升產品功能

全球 6,000 名
研發技術人員

始終不斷探索
如何才能更嘉惠消費者

（四）目的 ── 追求卓越

聯合利華的研發使命是「差異化、傳遞、永續與成長」，亦即創造確實能造福大眾的獨特新產品，滿足消費者真正的需求，而且只要做到這點便能促使聯合利華永續成長。

（五）外部協力夥伴

在整個研發過程中，聯合利華與學術機構和供應商等第三方密切合作，由內而外確實取得最卓越的科技。聯合利華的分子資訊學者就是其中一例，他們與劍橋大學合作已被廣泛公認為是產學合作共創科技、商業與消費者福利的典範。

五、聯合利華以消費者利益為依歸

| ① 食品與營養 | ➕ | ② 衛生、健康與美麗 | ➕ | ③ 環保與安全 |

享受更完美的生活

（一）聯合利華在中國上海建立研發中心

1. 投資 5,000 萬歐元（20 億新臺幣）。
2. 任用來自全球 15 個國家的 450 位研發人員。
3. 負責基礎研究及產品開發。

（二）如何瞭解消費者

1. 行銷研究

行銷研究單位定期會為各品牌產品進行市場量測與消費者行為的調查，這部分屬於比較一般性的市場資訊，品牌經理可以另外以專案的方式委託行銷研究部門進行特定的研究調查。

2. 消費者會議 (all about consumer meeting)

每個品牌每個月都會有一次討論有關消費者問題的會議，聯合利華稱之為All about consumer meeting，參加成員是與該產品有關的各部門負責人員。

3. 家庭拜訪 (home visit)

每個品牌都有目標市場與市場定位，品牌經理可以透過家庭拜訪的方式，除了觀察消費者的使用行為外，並且與預設的消費者行為假設做比較。

4. 通路觀察

品牌經理可以透過各通路零售據點，直接在現場觀察消費者的購買行為，甚至提供產品展示服務，直接與消費者互動。

5. 客戶服務中心（0800 服務專線）

客服中心每個月會整理一個月來的消費者意見與問題，彙整成報告後交給品牌經理參考。

六、聯合利華的產品創新SOP流程步驟

第一步驟

行企人員
主導

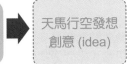

天馬行空發想
創意 (idea)

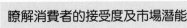

對這些想法進行市場測試

瞭解消費者的接受度及市場潛能

在這個階段產品可能連雛形都還沒有，只有寫在海報上的敘述性字眼而已。例如：五色蔬菜濃湯最初的發想，就是「不同顏色的湯」這樣簡單的概念。而在決定以「顏色」作為新湯品的開發重點後，歐洲企劃人員便提出各式各樣的產品訴求與構想，包括不同的顏色可以「代表大地不同的蔬果」、「表示不同的維生素與營養」、「帶給不同人的好心情」、「吸引小孩喝湯」等。

針對不同的訴求，可以吸引不同族群的消費者。企劃人員接著又擬定十幾種提案展開測試與評比，並且都必須接受許多檢核表 (checklist) 和KPI（關鍵績效指標）的檢視。比方說，先找來一群媽媽，詢問她們對「不同顏色的湯」有沒有興趣？如果有，又是哪一種訴求最能打動她們？

透過這個「廣泛發想、仔細評估」的過程，就能將原始的創意一步步朝著消費者感興趣的新產品發展。由於在測試中，企劃人員發現人們（尤其是年輕女性）對於「新鮮蔬果色彩鮮豔」、「攝取的蔬果種類越多，對身體越好」有著強烈認同，於是就在反覆汰選中做出最後定案：以紅、橙、黃、綠、白五色湯品，代表大地不同的蔬果營養，並且以不含防腐劑和味精的純天然路線為號召，目標族群鎖定在年輕都會女性。

在整個創意漏斗中，這個步驟其實是最困難的，因為要發掘能夠得到最多數人共鳴的想法，必須廣泛參考許多國家的資料，再因應在地人生活習慣加以修正，才能找出對的產品給對的人。

行企人員
新品概念
確定之後 → 交棒給
研發人員 → 是否能落
實為具體
商品 → 可行性評估

創造出商品的具體雛形

　　在確定要研發五色蔬菜濃湯後，由研發部門與營養學家共同討論，決定出每一色湯品要由哪幾種蔬菜構成，才能符合「多元蔬果營養」的概念；又如何在不添加人工調味料之下，調配出符合消費者口味的濃湯。等到成品做出來後，還要請消費者測試是否滿足需求；若不符合，則再做調整，甚至重回最初的發想階段。

　　五色濃湯要引進臺灣時，雖說是承繼了在歐洲確定可行的概念，但是在商品內容上，還是做了些調整。譬如，拿掉了臺灣人不熟悉的甜菜，還增加了「湯料」的分量（西方人對清湯接受度高，但臺灣人喝湯愛吃料），將歐洲味轉為臺灣味。

　　第一個步驟成敗難料，第二個步驟也很容易喊卡，要檢核的項目也最多，反而是越到後期，因為越來越確定與聚焦，也開始要投入更多資源，反覆修改的機會也就變小。剛開始可以天馬行空，但後期就得有十足把握是對的，才會投入。

確定產品
雛形 → 財務評估
（成本／效益、成本是否太高）

供應鏈評估
（原物料、包裝、包材、製造）

OK！

第四步驟

行企部門思考：
如何與消費者
溝通傳播？

➡

擬定廣告與
行銷完整計畫

➡

・打造品牌
・創造業績

第五步驟

整個專案小組

➡

・向老闆報告
・通過及修正後才會正式上市

第六步驟

上式上市

➡

三個月～半年
觀察期

 銷售情況好不好

 消費者反應如何

 預期財務目標

 檢討修正產品策略及行銷
策略

第七步驟　守門人（董事會高階主管做裁決）

 賣得不好 ➡ 決定是否下市？停掉 (no go)？

 賣得好 ➡ 持續擴大下去 (go)！

案例二　全球最大食品公司瑞士雀巢公司的商品開發

雀巢擁有世界上最大的食品和營養研究網絡，超過 5,000 名科學家及技術人員在研發領域工作，並與全球研究合作夥伴和大學保持著緊密的合作。

一、雀巢公司的四個基礎研究中心

（一）雀巢健康科學研究院　⟹　在瑞士洛桑 EPFL 大學的校園內，專注生物醫學研究，提供科學支持的個性化營養方案。

（二）雀巢研究中心　⟹　位於瑞士洛桑，為營養健康及產品創新提供科學基礎，擁有 600 名員工，其中包括來自 50 個不同國家的 250 名科學家。

（三）臨床研究中心　⟹　為公司全球的臨床實驗，提供專業醫療知識。

（四）法國圖爾 (Tours) 研究中心　⟹　專業的植物科學研究中心。

雀巢公司全球計有 32 個研發產品中心

中國則占 4 個（北京、上海、廈門、東莞）

二、研發增添競爭力

每年投入 20 億瑞士法郎（600 億臺幣）做 R&D 費用

占全年度淨利潤 18% 之高

全球研發人員有 5,000 人

全球工廠 480 家

三、雀巢公司四大競爭優勢

（一）
產品與品牌

（二）
領先行業的
研發能力

（三）
業務的地域分布

（四）
人員、文化與
價值觀

四、雀巢集團的研發體系

（一）倒金字塔

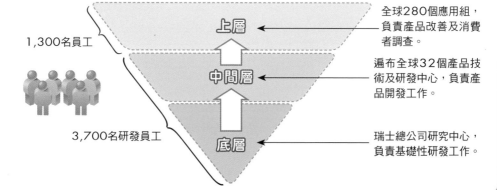

1,300名員工

3,700名研發員工

上層

中間層

底層

全球280個應用組，
負責產品改善及消費
者調查。

遍布全球32個產品技
術及研發中心，負責產
品開發工作。

瑞士總公司研究中心，
負責基礎性研發工作。

（二）開放的研發體系

1. 全球 32 個自己的研發中心

+

2. 與全球數百家大學、創業公司、風險基金公司、研發機構合作

（三）研發成果到正式商業化有三要件

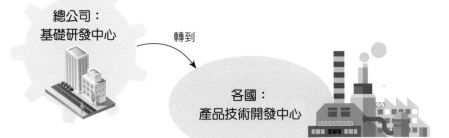

總公司：
基礎研發中心

轉到

各國：
產品技術開發中心

一是調查消費者是否有這方面的需求；二是通過試驗瞭解研發成果轉化為產品在技術工藝上是否可行；三是試算生產成本，分析產品是否能為企業帶來營利。三項條件都具備，中心便可以將研發出的產品轉交給乳品工廠，再由他們根據本地市場需求，決定是否將其投放市場。

（四）雀巢集團研發中心總經理表示

雀巢是以消費者為中心的一家公司

➡

所以，要注重商品研發

五、產品創新的三個組成內容

消費者

創造共同價值及持續性

產品創新

商品化能力

六、雀巢150年企業歷史成功之路的關鍵在於持續性改良與創新

雀巢 150 年

創新　創造新的產品及製造工藝

改良　不斷改良既有產品與技術

創新和改良仰賴全球強大研發中心來支持

七、雀巢研發：「60/40＋」準則

在雀巢的研發中，有一條「60/40+」準則。即任何一款新研發的產品，首先要和市場上其他品牌的同類產品放在一起，在消費者中進行對比測試，只有當 60% 以上的消費者在「盲試」中選擇了雀巢新產品，認可其口味後這一產品才算取得市場准入資格。之後，雀巢還要對產品進行多方面改進，為消費者增加營養價值，這就是 + 的涵義。提克先生指著展場中琳瑯滿目的各類產品說，他們都是經過這一嚴格考驗後才進入市場的，從而保證了雀巢產品在上市後口味能夠獲得消費者的喜愛。

案例三 ZARA服飾公司的產品開發與創新

一、ZARA西班牙總公司

擁有 400 多位 服裝設計師團隊	➡️	每年設計出 4 萬款新服飾	➡️	其中 2 萬款 會在市場上架銷售

二、ZARA設計模式

（一）採三位一體產品開發管理

1. 三個單位合為一體工作

服裝設計師

市場專家　　　　採購專家

⬇️

2. 設計師繪出設計草圖，進行討論及修改。

⬇️

3. 決定布料、顏色、生產量、成本多少、定價等。

⬇️

4. 交給生產部門。

（二）ZARA有400多位設計師

1. 平均年齡
26 歲，非常年輕
有活力的團隊

2. 從全球任何地方獲取靈感

(1) 參展：米蘭、巴黎、紐約、東京

(2) 各大城市現場觀察

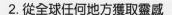

(3) 閱讀各種專業時尚雜誌

（三）ZARA總公司有上百位市場專家

市場專家

1. 與全球各地
ZARA 專賣店店長
及區經理，透過電話
聊銷售、聊產品、聊
訂單、聊流行、聊
顧客

2. 掌握全球各地
消費者對流行服飾
的需求

（四）ZARA總公司有上百位採購專家

採購專家

負責每一批訂單的生產規劃、
分派及製造，然後透過全球快速物流體系，
送到各國 1,000 多家店去。

（五）快速時尚與流行服裝的反應者

從設計

到市場上架

僅需 10~15 天

快速時尚與
流行服裝的
反應者

三、ZARA香港

ZARA 也在香港設立專業公司，負責蒐集亞洲地區在不同市場的潮流與時尚趨勢，提供給西班牙總公司的設計部及市場部門做參考。

四、ZARA的時尚觀察員組織

ZARA 設立一支「時尚觀察員」的組織，廣泛的在各大百貨公司、娛樂場所、人行街道、服裝店、展覽場所等地，給設計師不斷帶來新的靈感。

五、ZARA時尚與潮流資訊的四大來源

來源1

時裝發表會：巴黎、米蘭、紐約、倫敦、東京、上海

來源2

流行地帶、場所、雜誌

來源3

購買競爭對手在全球推出的最新款式

來源4

全球直營門市店店長及區經理的反饋意見

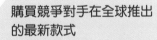

案例四　P&G寶僑的商品開發

一、P&G的品牌

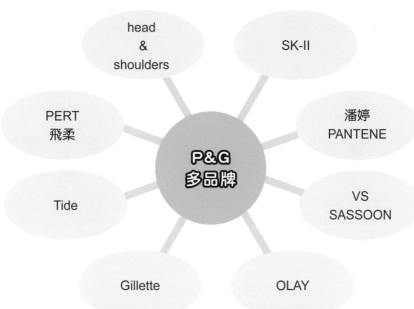

- head & shoulders
- SK-II
- 潘婷 PANTENE
- VS SASSOON
- OLAY
- Gillette
- Tide
- PERT 飛柔
- P&G 多品牌

二、P&G總公司技術長表示

1. 產品研發是「整個團隊」緊密合作的結果，產品研發成功是 P&G 跨部門（研發部、市場行銷部、設計部、製造部、採購部）團隊的努力。

2. P&G 的創新是以消費者為本，滿足消費者的需求及美化他們的生活。

3. P&G 認為產品改善到很完美，需要花好幾年很長的時間及投資才行，短則二至三年，長則十年。

4. P&G 併用內部創新與外部創新兩種方式。全球 200 萬名研發腦力－是否更快？是否更好？是否成本更低？是內部自己不會做的？已達成 2,000 多項項目協議。

5. P&G 的外部創新（外部合作夥伴），須注意智慧財產權保護及專利權保護。

三、P&G創新區分為三種類

1　可持續性創新

是在現有產品領域裡不斷推陳出新，研發出新的技術與產品。

2　帶有轉變性的可持續性創新

在前一種創新基礎上，它可以帶給消費者全新的功能，以及以前未接觸到的功能。

3　顛覆性市場的創新

這個市場原本是空的，這種創新並非在現有技術上去發展，而是一個顛覆性創新。

四、P&G中國北京研發中心的四大作用及特色

① 中國 13 億人口，有助於我們去瞭解範圍最廣、差異最大的城市消費群。

② 中國消費群會告訴我們，他們需要什麼？想要什麼？
這會帶給我們創意的想法。

③ 中國可以招聘到頂尖的科研人才。

④ 有機會接觸到全球一流的合作夥伴，帶給我們創新的更大進展。

全球有 25 個
研發中心

中國北京研發
中心是最大、
最重要的

會影響全中國、
全亞洲及全世界
消費者更美好的
生活

P&G

五、P&G的創新

（一）P&G創新的最基本原則

創新最基本原則 ➡ 基於對消費者價值的創新

為消費者提供最好的價值！

（二）P&G無所不在的創新

產品創新　包裝創新
組織營運創新　無所不在的創新　設計創新
成本創新　業務模式創新

（三）創新要件必須具備的五項核心優勢

① 寶僑對自己的顧客有深入的認識：每一年投入超過 2 億美元，設法瞭解自己的顧客需求。

② 寶僑致力並打造永續品牌：到了 2015 年，寶僑已經擁有 23 個市值達 10 億美元的品牌。

② 寶僑藉由與顧客和供應商的合作來創造價值：與零售商和供應鏈網絡建立了穩固的夥伴關係。

③ 寶僑靈活利用其規模而不斷學習：善於將某個市場中的構想和見解，善用在其他市場上。

④ 創新是寶僑的活力泉源：不斷推出比所有競爭對手都更創新的新產品，也樂於和公司以外的創新者合作。

（四）內外並進的產品創新

內部自行產品創新

+

外部（向全世界）
募集創意新點子

(1)買斷產品、配方
(2)支付權利金
(3)成立合資企業

（五）四大法則管理創新

💎鑽石法則 1.
產品創新與科技策略：產品創新策略協助寶僑決定要在哪一個領域推出新產品，並且分配資源。

💎鑽石法則 2.
產品開發流程系統：在每一項創新中，寶僑都要相關的研究人員、設計師、生產者、行銷相關人員組成一個團隊，共同看著產品出爐、上市，也一起解決問題。

💎鑽石法則 3.
資源承諾與管理：寶僑將資源集中在一些新計畫中，並承諾給予被選定要發展的新商品一切所需資源。

💎鑽石法則 4.
有利創新的氣氛與環境：寶僑內部的領導團隊、環境、文化，在在鼓勵員工創新。除了將發展商品列為每個事業主管的績效指標，寶僑還有「設計、創新與策略」部門專司創新。另外，寶僑也有「多元策略」。從供應商、員工到產品，組成都盡量多元化，才能滿足160幾個不同國家的消費者需求。

六、P&G新產品上市的八個原則

原則一：不把新產品當作當年銷售的增長點

這是一個關鍵的戰略問題，新產品正如一個新生的孩子，他的價值通常體現在上市十二個月後。雖然，上市後，多少都會帶來一定的銷售，但是如果把它作為年度銷售的一個組成部分，由於年度目標的特性，會導致為了實現目標而急功近利、揠苗助長，這就容易造成縮短上市準備時間、減少必要的工作流程、忽略產品的質量和完成性等情況。所以，在寶僑新產品通常不作為實現當年度目標的一種手段，而是作為下一年度市場增長所做的準備工作。

原則二：建立以客戶價值為導向的管理流程

新產品之所以成功，從根本上來說是因為客戶發現它具有比競爭者產品有更大的價值或者比較獨特。因此，正確地發現和定義顧客價值就成為成功的關鍵。寶僑在新產品上市流程中明確提出，新產品的本質是產品「概念」，而概念就是客戶的價值。在實際流程中，寶僑把開發產品「概念」作為整個產品開發的第一步，而產品開發及廣告、通路策劃都以產品概念作為依據。為了保證概念的質量，進一步建立了標準的七項概念及開發。

原則三：科學地預測銷售額

在寶僑上市管理中，分別有四次對產品上市後十二個月內銷售的預測，並且每一次都基於量化的市場調研數據。然後，基於四次預測進一步預算進行估計。許多企業在上市的過程中，由於缺乏科學的方法往往採取最簡單的推算法。例如：某企業準備推出一種戒菸產品。領導者認為：中國有3億菸民，即使只有1%嘗試了這種產品也有300萬人，以單價100元計，當年銷售應該在2~3億元。但是實際上市後失望隨之而來，只有不到1%的人嘗試這個產品，兩年的銷售額只有可憐的300萬元。有位市場總監把這種上述過程生動地描述為：狂喜、覺醒、迷茫、悔恨、懲辦這五個過程。然而，寶僑的四次預測有效地減少了上市準備做的盲目性，並有效地幫助減少和糾正了上市中的錯誤決策。

原則四：建立獨立的新產品上市小組，並充分授權

在中國，傳統的家長和領袖意識使得許多企業核心領導總是干涉產品上市的各種重大決策。由於位高權重且一言九鼎，在這種情況下權力往往替代了科學的調研與分析，而失敗也大多源於此。寶僑為了避免這類問題的出現，對市場的每一個環節、概念、產品複合體、市場複合體、銷售複合體，步步都建立以市場調研為基礎的決策模型。為了保證上市產品得到全力以赴的投入，寶僑將新產品上市人員獨立出來，形成類似小型事業的組織，並要求全體人員全職進行產品上市工作。而通常，負責產品上市的經理都是直接依據數據決策，高層管理者只是扮演著支持者的角色，在需要資源與協調時給予幫助。

原則五：導入項目管理制

新產品上市是所有營銷活動中最複雜與複合的工作，通常會涉及公司中的各個部門，為了保證紛繁複雜工作的質量，項目管理的方式是十分必要的。

寶僑在上市流程中導入全程的項目管理制，將所有工作模組分解為80~100項工作任務，以一個新產品實施計畫將所有的任務進行統一規劃。每個任務都事先安排好時間、負責人、資源估計及量化目標。在管理過程中，運用項目會議的方式，每完成一個任務都進行 QC 工作。步步為營的管理方式，使得上市工作有序而可靠。

原則六：進行小規模市場測試

　　在全球推廣前，進行小規模市場測試是寶僑新品上市中的規定流程。測試通常會選擇一至兩個相對封閉的程式進行，測試時間一般為三至六個月。通過對策是市場進行分析，寶僑會不斷修正與改進自己的營銷辦法。

　　事實上，在寶僑儘管每一個新產品都是 100% 地認真完成了準備工作，也有近 30% 的新產品在測試市場中發現問題。幫寶適嬰兒尿片就是在測試市場中發現了產品概念方面存在失誤，從而避免了全國推出的巨大宣傳損失。

原則七：使用量化的支持工具

　　在上市過程中，從目標市場確定到測試市場，涉及近二十個關鍵決策點，任何一個決策點失誤，都會導致產品上市遭遇困難。為了避免這些問題，寶僑會通過各種科學的分析支持工具，比如概念測試、廣告播放前測試、包裝測試、目標市場需求研究、早期品牌評估研究等，對新品上市進行分析。這些測試都是以量化的方式進行的，而且大多都是標準化的。

原則八：果斷中止項目

　　新產品上市準備階段，由於對市場與產品逐步深入的瞭解，有近 20% 的機率會發現一些無法克服的問題。這時，即時果斷中止往往是最為明智的選擇。許多企業新產品管理者往往很難克服面子和環境壓力，即使發現問題也抱著僥倖的心理強行上市，往往將一個原本 200 萬元的損失擴大為 5,000 萬元的損失。

案例五　巴黎萊雅(L'OREAL)在中國研發創新中心的三個核心使命

| 第一個
核心使命 | ➡ | 對中國
消費者深入
全面的瞭解 | ➡ | 去觀察聆聽
我們的消費者 | ➡ | 才能開發出最
適合中國消費
者的產品 |

| 提供科學依據 | ➡ | 用科學角度去研究中國消費者的
皮膚及毛髮特徵 |
| 設立「戰略創新與
消費者研究部門」 | ➡ | 負責對中國 30 個省市消費者
進行深入廣泛的市調 |

⬇

為產品開發與成功上市，提供消費者需求的依據

(1)
前沿研究

(2)
應用研究

(3)
產品開發

中國研發創新中心

（一）前沿研究

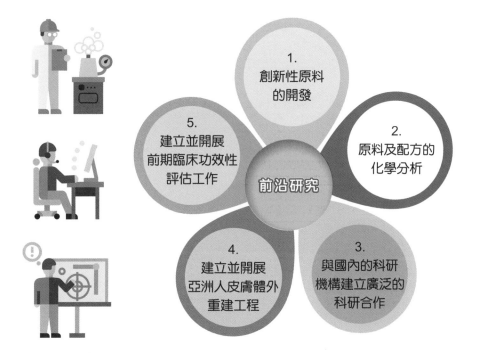

（二）應用研究

　　這一環節主要是為了將基礎研究的成果，轉化成創新性產品做初步的探索性工作。目前我們已經在中國成立專門研究小組和研究部門，針對全新的洗護類、美白類、防曬類等產品，進行大量的創新配方探索工作。

243

（三）產品開發

　　在這一環節中，我們利用來自應用研究甚至前沿研究所獲得的活性分子以及全新的配方技術，與消費者的需求緊密合作，同時利用先進的科學評估手段，最終開發出最適合消費者的化妝品。

巴黎萊雅中國研發
創新中心

1. 護膚產品開發處

2. 彩妝產品開發處

3. 美髮產品開發處

四、巴黎萊雅第三個核心使命 ─ 全球雙向分享成果創新模式

模式一

全球其他地區、
國家的產品創新

引進到中國，
並進行本土化

模式二

中國產品創新成果

分享給其他地區或各國，
推向全球市場

五、巴黎萊雅：科研交流

（一）

L'OREAL 研發
創新中心

相互交流、雙向學習、
促進化妝保養品
科技進步

（二）

外界、外國、本國、
全球的各種學術機構、
研究機構合作

案例六 雅詩蘭黛（美國第一大品牌）的產品研發

一、雅詩蘭黛旗下的品牌

ESTÈE LAUDER COMPANIES	CLINIQUE
BOBBI BROWN	AVEDA
MAC	LAMER
ORIGINS	

二、中國上海成立雅詩蘭黛集團亞洲研發中心－為中國及全世界創造出更好的產品

董事長致詞：「中國消費者對於護膚有很高的標準，激勵我們開發出個別為中國及亞洲人膚質訂製的世界級產品。我們把美國最好的科技帶來，與中國優秀科學家和研發人員的卓越能力相結合。通過這種協作，我們可以充分瞭解中國消費者的眼光，能夠最近距離地瞭解這些對完美肌膚以及精緻、創新的護膚機制有最高要求的消費者。由此我們也將為中國消費者和全世界，創造出更好的產品。」

三、雅詩蘭黛：全球一體化的產品研發網絡

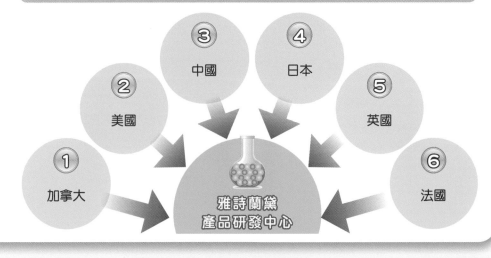

① 加拿大
② 美國
③ 中國
④ 日本
⑤ 英國
⑥ 法國
雅詩蘭黛
產品研發中心

我們的工作是開發出吸引各種消費者注意力的創新產品,並將美容行業引向成功的方向。

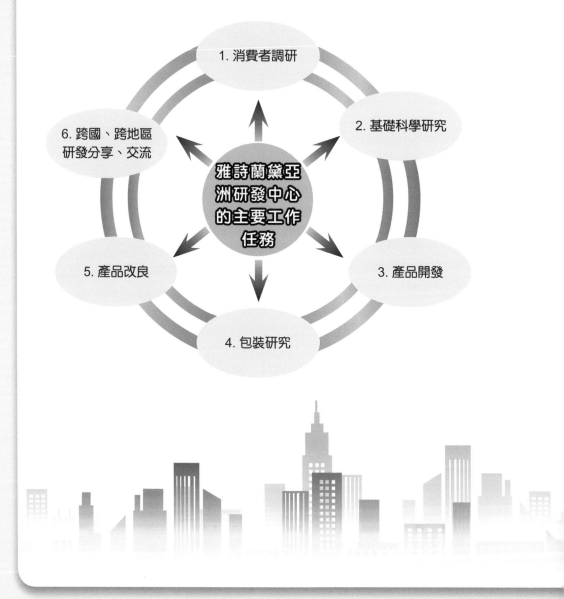

1. 消費者調研

2. 基礎科學研究

6. 跨國、跨地區研發分享、交流

雅詩蘭黛亞洲研發中心的主要工作任務

3. 產品開發

5. 產品改良

4. 包裝研究

案例七　資生堂中國研究開發中心

一、資生堂中國北京研究開發中心

資生堂中國北京研究開發中心

每年投入 2,000 萬美元

用於開發適合中國消費者的
本土化產品

二、資生堂研究開發的三大觀點

① 高功能性

② 高感性

消費者

③ 高安全性

讓消費者實現美麗與健康

247

案例八　日本花王的商品開發

一、花王遍布全球的研究開發基地

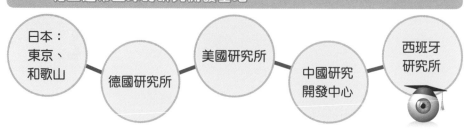

日本：東京、和歌山

德國研究所

美國研究所

中國研究開發中心

西班牙研究所

二、花王品牌

SOFINA	Kanebo	Bioré	ASIENCE

Kao	Laurier	Merries

三、日本花王

四大基礎技術研究所

- 1. 物質科學
- 2. 生命科學
- 3. 人類科學
- 4. 生產技術

四大產品開發研究所

- 1. 美容護理用品
- 2. 健康護理用品
- 3. 衣物洗淨及家居清潔用品
- 4. 工業化學用品

合計共 2,000 名
研發技術人員

案例九　3M公司的商品開發

200個
申請全球專利發明超過

400個
申請中國專利項目超過

其中50%為碩博士
研發人員超過750人，

研發中心
是3M公司全球第二大

3M中國上海研發中心

全球65個各國研發中心，計7,000名研發技術人員

一、3M全球研發投資

3M 每年 R&D 費用占總營收額 5~6%。每年營收中，來自過去五年開發新產品的占比已達 40%。

（一）3M公司強調團隊創新

技術研發部

生產部

市場研究部

加強交流互動

行銷部

銷售部

（二）3M公司全球研發在地化

3M 強調全球各國 65 家子公司擁有研發能力，成為發明創造的基地。 迎合、滿足在地市場需求

（三）3M公司全球研發人員每年定期招開三次會議

全球性研發會議

跨區域研發會議

當地國研發會議

全球性
「技術交流研討會」

交流、分享、詢問，激盪出更多火花

二、3M臺灣子公司

　　以 3M 臺灣子公司為例，每年秋天在楊梅實驗室舉辦一次開放式的技術博覽會。在這一天，實驗室開放給公司內所有的行銷及業務員參與，請他們來尋寶，目的是讓各部門同仁更瞭解公司的技術平臺，從參與博覽會中，找尋新產品開發的機會。同時，還會邀請其他子公司實驗室來參展，例如：今年邀請 3M 中國展出他們最近開發出的一項超親水塗料技術。

三、3M產品生命週期管理(life cycle management, LCM)

（一）3M公司是首批採用生命週期管理的公司之一

3M產品生命週期管理

3M 生命週期管理體系保證產品從原材料的購買和開發、製造、到分銷和客戶使用，乃至最終廢氣處理整個流程中，系統地、全面地處理環境、節能、健康和安全問題及機遇。

（二）3M公司每年推出500種產品，實踐產品生命週期管理

每年推出
500 種產品

實踐生命週期管理

從產品創意到商業化

從產品開發到製造

從製造到行銷

從使用到廢棄

（三）3M公司產品生命週期管理功能

1. 降低開發成本

2. 降低失敗風險性

LCM
功能

3. 健全環保方案

4. 提高競爭力

一、UNIQLO全球商品研發

作為一個全球化品牌，為及早得到更大的發展，UNIQLO 在商品開發方面也正逐步實現全球化。依靠紐約和東京互相連動的全球 R&D 體制，進行商品的開發。從全球各地招募優秀的人才，第一時間獲取最新的潮流動態，並帶動起新一輪的潮流動態。此外，針對 UNIQLO 最主力的基本款休閒服不斷進行改良，確立全新概念的基本款休閒服是 UNIQLO 的目標所在。

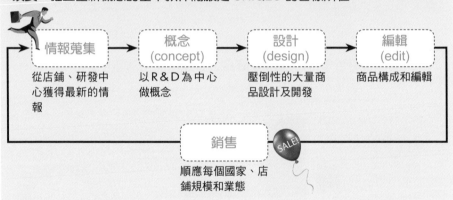

二、UNIQLO商業模式

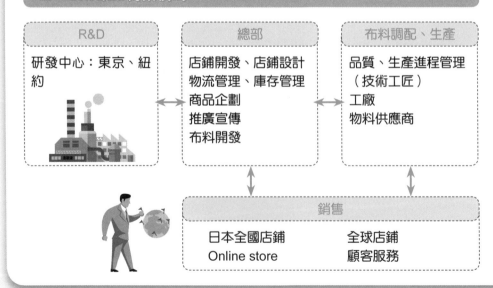

（一）研發中心：東京、紐約

成為一個東京和紐約的 R&D 中心，致力於從各城市、各企業的店鋪及客戶身上，蒐集最新的潮流動向、顧客需求、生活型態和布料使用趨勢等訊息。根據收到的訊息，確定每一季度的核心主題，並由上述兩個城市同時開始設計工作，兼顧各國實際的市場需求完成商品開發，創造出 UNIQLO 的全新價值。

（二）總公司：日本

1. 店鋪開發、店鋪設計

以「為顧客提供方便、快捷的優質店鋪」為目標，進行新店開發和店鋪設計。

2. 物流管理、庫存管理

為把庫存風險降至最低，適時調整價格變更的時機，提高庫存管理的能力。

3. 商品企劃 (MD)、推廣宣傳 (MK)

UNIQLO 根據從全世界各國蒐集而來的最新訊息，確定每一季度商品的核心概念，並以此概念為軸心，貫徹商品戰略的制定、商品企劃、宣傳推廣、銷售計畫和店內陳列 (VMD) 的各個環節，連同男裝、女裝、童裝、小物和內衣五大商品事業，拓展我們的策略。

4. 布料開發

通過與世界各大布料供應商的直接溝通交涉，從而獲取高品質的一流布料，與供應商直接溝通是 UNIQLO 的強項所在，通過與東麗株式會社的業務合作，使 HEATTECH 這樣具有戰略意義的商品得以誕生。

（三）布料調配、生產

1. 品質、生產進程管理（技術工匠）

為尋求生產委託工廠的品質提升和改善生產進度等，UNIQLO派遣了資深的日本技工「工匠團隊」，進駐上海、深圳、胡志明市事務所，向中國夥伴工廠的技工傳授縫製、工廠管理等日本先進纖維技術。

2. 工廠

UNIQLO的商品中90%為中國生產，以中國為重心，擁有約70家合作工廠。UNIQLO站在長期的合作夥伴立場，在積極提供最新的技術支持的同時，也澈底完成項目品質上的管理，即使是以100萬為單位的大批量生產，也可以保證高品質。

3. 物料供應商

UNIQLO利用全球約800家店鋪的大規模經營優勢，通過100%購買原材料的方式，成功降低整體生產的成本。在這背後，通過和東麗株式會社為首的世界各大纖維供應商的直接溝通交涉，積極拓展新布料的共同開發等業務。

（四）銷售與行銷

1. 日本全國店鋪

UNIQLO以街面店和商場內店鋪為主，在日本全國共經營約760家店鋪。在日本以家庭購買為主要客層。以「無論何時何地，只要是顧客需要的商品，都能確保在店鋪內提供合適的顏色和尺寸」為目標，無論是150平方公尺的小型店鋪，還是3,000平方公尺規模的超大型店鋪，為顧客帶來快捷便利的購物環境。

2. 全球店鋪

積極拓展海外事業，以2001年9月開設英國店鋪為首，分別在英國、中國大陸、中國香港特別行政區、韓國、美國和法國開設了UNIQLO店鋪，並分別於2006年美國紐約SOHO地區和2007年英國倫敦開設全球旗艦店。之後也以世界各大時尚之都為中心，繼續拓展UNIQLO全球品牌戰略。目前UNIQLO在全球17個國家皆設有店鋪。

3. Online store（網路營銷）

UNIQLO的online store除了在店鋪內銷授權商品外，更僅有在online store銷售的特別企劃商品可供選擇。(http://www.uniqlo.com)

4. 顧客服務

整理顧客的各種意見、建議和感想，並即時於商品、店鋪、服務和經營等範疇中回應。

案例十一　LV名牌精品追求創新突破

一、LV公司價值觀

創新突破
永不言息

集團公司堅決培育創作人才，結合藝術上的創意與技術上的突破，使公司得以長期成功。不論過去或未來，他們總是創造者，他們吸引最傑出的創作人才並裝備他們來塑造頂尖設計。這種雙重價值觀 —— 創意和突破 —— 是所有集團公司的首要原則，也是他們持續成長的基礎。

二、GUCCI皮包產品開發

最重要的原則是 ➡ 「緊跟流行時尚」 ➡ 而時尚最大的特點就是多變

三、GUCCI產品開發人員點子來源

① 觀看電影、電視、新媒體

② 觀看社會流行趨勢與重大事件

③ 參加全球各種展覽會、發布會、交易會

④ 走訪全球各大百貨公司、專賣店

⑤ 全球各大城市街頭觀察

⑥ 消費者、使用者座談會

⑦ 自己衍生的創意、想法

⑧ 公司內部動腦討論會

GUCCI產品開發人員點子來源

255

案例十二　Apple蘋果公司產品開發流程

一、每一個新產品都從設計開始

1. 設計師擁有至高無上的權力，是蘋果公司與其他公司顯著不同之處之一，統一歸Jony Ive負責。
2. 蘋果公司的設計師跟財務金融類部門沒有任何瓜葛和聯繫，不用考慮任何成本或者製造材料，Industrial Design Studio是蘋果公司所有的產品設計或者部門，僅面對蘋果公司的少數員工。

二、新產品開始啟動

新產品開始之後，成立一個直接向高層回報的產品團隊，日常工作不需要走公司的制式流程，避免大公司的眾多規矩麻煩。

三、蘋果新產品開發流程 (Apple new product process，簡稱 ANPP)

一旦開始新產品，每一步都有詳細的文檔紀錄，例如：誰負責哪部分、誰最終負責，以及誰負責工序中哪一個環節，還有什麼時候完成等。

四、每週一進行產品評測

執行團隊每週一碰面。

五、EPM 黑手黨 (EPM 是指 engineering program manager)

EPM擁有絕對的控制權，被稱為黑手黨，還有全球供應管理經理(GSM)等都在全球巡邏查看生產流程，兩者相互協作，隨時對產品改進做出最快速的調整。

六、產品發布 (rules of the road) 路線

有一個祕密文件，包含了產品開發過程的重要里程碑，直到最後發布。

七、打包和包裝室

在市場構建(marketing building)房間裡，完成產品包裝。這裡有一個員工要工作好幾個月，做的工作僅僅是開箱體驗，還有重新定義開箱流程。

八、一旦產品完工，還要重新設計、生產、再測試

通常我們看到的所謂洩漏原型機（比如從中國工廠被洩漏出來的原型機等），一般都是測試版本的產品，還要進行重新設計和再測試。

九、美國 Apple 蘋果公司在臺灣成立研發中心

Apple在臺灣成立研發中心的原因：
1. 臺灣科技研發人才及工程師充足且素質高。
2. 靠近中國大陸代工廠便於運作。

案例十三　Facebook（臉書）產品開發流程的九大步驟

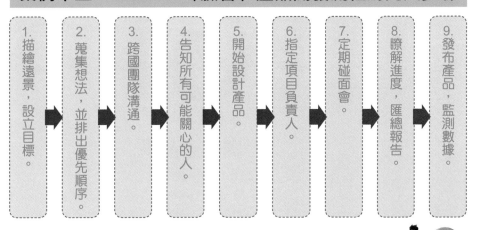

1. 描繪遠景，設立目標。
2. 蒐集想法，並排出優先順序。
3. 跨國團隊溝通。
4. 告知所有可能關心的人。
5. 開始設計產品。
6. 指定項目負責人。
7. 定期碰面會。
8. 瞭解進度，匯總報告。
9. 發布產品，監測數據。

一、如何設定目標？SMART準則

S 非常詳細具體的 (specific)。目標必須被清晰定義，無法被混淆或誤解。

M 是能夠衡量的 (measurable)。只有可被衡量的目標，才能一直清楚做得如何、離目標有多遠、當前是超出還是低於預期的進度。

A 要有足夠的難度和挑戰性 (aggressive)。容易完成的目標，很容易讓員工懈怠；一旦失去戰鬥的激情，更談不上發揮潛能。

R 現實的 (realistic)。這是對上一點的平衡，過於有難度的目標，會令員工疲憊不堪，如果最後還是沒能完成任務的話，對他們的信心是非常大的打擊。

T 要有實現的期限 (time-bound)。沒有實現期限的目標是沒有意義的，因為不知道什麼時候應該到達什麼程度。

257

二、設計產品涉及的四個面向

1. 功能
2. 預計完成時間
3. 預算
4. 完成質量（品質）

國家圖書館出版品預行編目資料

圖解產品學 ／ 戴國良著. －－初版.－－臺
北市：書泉, 2017.08
　面；　公分
　ISBN 978-986-451-099-3（平裝）

1.產品

496.1　　　　　　　　　106010869

3M80

圖解產品學

作　　　者	戴國良
發　行　人	楊榮川
總　經　理	楊士清
主　　　編	侯家嵐
責任編輯	劉祐融
文字編輯	侯蕙珍、陳俐君
封面設計	盧盈良
內文排版	張淑貞
發　行　者	書泉出版社
地　　　址	106 台北市大安區和平東路二段 339 號 4 樓
電　　　話	(02)2705-5066
傳　　　真	(02)2706-6100
網　　　址	http://www.wunan.com.tw/shu_newbook.asp
電子郵件	wunan@wunan.com.tw
劃撥帳號	01303853
戶　　　名	書泉出版社
總　經　銷	朝日文化事業有限公司
電　　　話	(02)2249-7714　傳　　真：(02)2249-8716
地　　　址	235 新北市中和區橋安街 15 巷 1 號 7 樓
法律顧問	林勝安律師事務所　林勝安律師
出版日期	2017 年 8 月初版一刷
定　　　價	新臺幣 350 元